建筑消防高等职业教育系列教材

《建筑消防工程（上）》
习 题 集

主　编　卿伟健

副主编　刘超　郑嘉瑜　刘兵

西南交通大学出版社
·成　都·

图书在版编目（C I P）数据

《建筑消防工程（上）》习题集 / 卿伟健主编. —
成都：西南交通大学出版社，2022.9
ISBN 978-7-5643-8871-3

Ⅰ. ①建… Ⅱ. ①卿… Ⅲ. ①建筑物－消防－高等学
校－习题集 Ⅳ. ①TU998.1-44

中国版本图书馆 CIP 数据核字（2022）第 150696 号

《Jianzhu Xiaofang Gongcheng (Shang)》Xitiji
《建筑消防工程（上）》习题集

主编 卿伟健

责任编辑	杨 勇
封面设计	GT 工作室
出版发行	西南交通大学出版社 （四川省成都市金牛区二环路北一段 111 号 西南交通大学创新大厦 21 楼）
发行部电话	028-87600564 028-87600533
邮政编码	610031
网 址	http://www.xnjdcbs.com
印 刷	四川森林印务有限责任公司
成品尺寸	185 mm × 260 mm
印 张	15.25
字 数	368 千
版 次	2022 年 9 月第 1 版
印 次	2022 年 9 月第 1 次
书 号	ISBN 978-7-5643-8871-3
定 价	46.00 元

课件咨询电话：028-81435775
图书如有印装质量问题 本社负责退换

前言 Preface

本书是与《建筑消防工程（上）》配套使用的习题集，能对教学起到非常重要的辅助作用。如果把教材比作船，那么习题集就是能让船身更加牢固的铆钉，有了加固，“船”才能载着学生远航。

建筑消防技术是一门综合性、应用性、实践性很强的专业技术。人才培养方案明确指出：高素质的应用型人才是培养的目标。职业教育仅靠理论授课是无法完成该目标的。教与练的结合是最基本、最有效的方法。因此，为了配合新教材的出版，建筑消防专业系列规划教材编写委员会组织编写了这本《〈建筑消防工程（上）〉习题集》。

全书共九个模块，与《建筑消防工程（上）》的各模块相对应，内容包括概述、消防给水、消火栓系统、自动喷水灭火系统、水喷雾及细水雾灭火系统、自动跟踪定位射流灭火系统、泡沫灭火系统、气体灭火系统和干粉灭火系统。教师在授课时可根据进度将该本习题集作为课堂练习或者课后作业；学生也可根据情况将该本习题集作为考试的复习参考书。

本书特色:

（1）结合了最新的规范，保证了本书内容与现行规范的一致性。

（2）与教材知识点一一对应，知识覆盖面广。

（3）模仿康奈尔笔记本格式，留有错题注释的空白栏。

（4）配有综合练习题，可以检验阶段性成果。

（5）书后附有每道题的答案及详细的解析。

本书由德阳科贸职业学院卿伟健担任主编。由德阳科贸职业学院郑嘉瑜主审，他对本书的编写提出了许多宝贵的意见和建议，在此对他表示衷心的感谢。

本书在编写过程中得到了德阳科贸职业学院消防教研室教师的帮助和支持，由吴刚提供了诸多素材，在此一并表示感谢，他们的帮助为本书增色不少。

本书编写时，引用了大量的参考资料和现行消防技术标准文献，感谢这些资料的编者的辛苦付出。

由于该学科知识面广，涉及范围宽，编者水平有限，书中难免有疏漏不足之处，欢迎各位专家、老师批评指正。

编 者

2022 年 4 月

目 录

Contents

模块一

建筑消防工程概述

项目一　建筑火灾特点、建筑分类及相关规定

1. 烟气的流动速度主要与火灾现场的（　　）有关。

A. 发热量

B. 火灾范围

C. 氧气浓度

D. 可燃物数量

2. 竖向管井与通道、共享空间、玻璃幕墙缝隙等部位，易产生（　　）效应，让火势蔓延更加迅速。

A. 烟羽流

B. 等压面

C. 烟囱

D. 蝴蝶

3. 目前我国大多数登高消防车的最大工作高度均在（　　）m 以内。

A. 100

B. 1 000

C. 500

D. 50

4. 下列哪项不是建筑火灾的特点（　　）。

A. 火势蔓延迅速

B. 火灾扑救困难

C. 人员容易疏散

D. 容易造成人员伤亡事故

5. 下列（　　）不是按照建筑的使用性质进行分类。

A. 工业建筑

B. 高档建筑

C. 农业建筑

D. 民用建筑

6. 商业服务网点是设置在住宅建筑的首层或首层及二层，每个分隔单元建筑面积不大于（　　）m^2的商店、邮政所、储蓄所、理发店等小型营业性用房。

A. 100

B. 200

C. 300

D. 400

7. 对于住宅建筑，以（　　）m 作为区分多层和高层住宅建筑的标准。

A. 24

B. 27

C. 32

D. 54

8. 建筑高度大于(　　)m 的非单层公共建筑属于一类高层公共建筑。

A. 24

B. 27

C. 50

D. 54

9. 建筑高度 24 m 以上部分，任一楼层建筑面积大于（　　）m^2的商店、展览、电信、邮政、财贸金融建筑和其他多种功能组合的建筑为一类高层公共建筑。

A. 1 000

B. 2 000

C. 1 500

D. 1 200

10. 建筑高度大于 24 m，藏书超过（　　）万册的图书馆、书库为一类高层公共建筑。

A. 50

B. 100

C. 200

D. 250

11. 将建筑高度超过（　　）m 的高层建筑称为超高层建筑。

A. 50

B. 100

C. 120

D. 150

12. 闪点小于（　　）的液体火灾危险性类别属于甲类。

A. 23℃

B. 24℃

C. 28℃

D. 32℃

13. 下列生产场所的火灾危险性不属于甲类的是（　　）。

A. 橡胶制品的涂胶和胶浆部位

B. 农药厂乐果厂房

C. 植物油加工厂的浸出车间

D. 植物油加工厂的精炼部位

14. 下列生产场所的火灾危险性属于甲类的是（　　）。

A. 乙炔站

B. 氧气站

C. 空分厂房

D. 高锰酸钾厂房

15. 同一座厂房或厂房的任一防火分区内有不同火灾危险性生产时，火灾危险性较大的生产部分占本层或本防火分区建筑面积的比例小于（　　），且发生火灾事故时不足以蔓延至其他部位或火灾危险性较大的生产部分采取了有效的防火措施，可按火灾危险性较小的部分确定。

A. 3%

B. 5%

C. 10%

D. 20%

16. 某仓库储存百货、陶瓷器具、玻璃制品、塑料玩具、自行车。该仓库火灾危险性类别应确定为（　　）。

A. 甲类

B. 乙类

C. 丙类

D. 丁类

17. 丁、戊类储存物品仓库的火灾危险性，当可燃包装重量大于物品本身重量（　　）或可燃包装体积大于物品本身体积的（　　）时，应按丙类确定。

A. 1/4，1/2

B. 1/2，1/4

C. 1/3，1/2

D. 1/4，1/3

18. 局部凸出屋顶的瞭望塔、冷却塔、水箱间、微波天线间或设施、电梯机房、排风和排烟机房以及楼梯出口小间等辅助用房占屋面面积不大于（　　）者，可不计入建筑高度。

A. 1/2

B. 1/3

C. 1/4

D. 3/4

19. 对于（　　），设置在底部且室内高度不大于 2.2 m 的自行车库、储藏室、敞开空间，室内外高差或建筑的地下或半地下室的顶板面高出室外设计地面的高度不大于 1.5 m 的部分，可不计入建筑高度。

A. 公共建筑

B. 住宅建筑

C. 工业建筑

D. 民用建筑

项目二　建筑耐火等级

1. 下列不属于我国建筑构件按其燃烧性能分类的是（　　）。

A. 不燃性构件

B. 易燃性构件

C. 难燃性构件

D. 可燃性构件

2. 下列吊顶的燃烧性能和耐火极限不可用于二级耐火等级仓库的是（　　）。

A. 不燃性，0.15 h

B. 不燃性，0.30 h

C. 难燃性，0.25 h

D. 难燃性，0.30 h

3. 甲、乙类厂房和甲、乙、丙类仓库内的防火墙，其耐火极限不应低于（　　）。

A. 4.00 h

B. 3.00 h

C. 2.00 h

D. 5.00 h

4. 一、二级耐火等级单层厂房（仓库）的柱，其耐火极限分别不应低于（　　）。

A. 1.50 h 和 2.00 h

B. 2.50 h 和 2.00 h

C. 2.00 h 和 2.50 h

D. 2.50 h 和 1.50 h

5. 一、二级耐火等级厂房（仓库）的上人平屋顶，其屋面板的耐火极限分别不应低于（　　）。

A. 1.50 h 和 2.00 h

B. 1.00 h 和 1.50 h

C. 1.50 h 和 1.00 h

D. 2.00 h 和 1.50 h

6. 除甲、乙类仓库和高层仓库外，一、二级耐火等级建筑的非承重外墙，当采用不燃性墙体时，其耐火极限不应低于（　　）；当采用难燃性墙体时，不应低于（　　）。

A. 0.50 h，0.25 h

B. 0.15 h，0.50 h

C. 0.20 h，0.50 h

D. 0.25 h，0.50 h

7. 二级耐火等级多层厂房和多层仓库内采用预应力混凝土的楼板，其耐火极限不应低于（　　）。

A. 0.20 h

B. 0.25 h

C. 0.50 h

D. 0.75 h

8. 地下或半地下建筑（室）和一类高层建筑的耐火等级不应低于（　　）。

A. 一级

B. 二级

C. 三级

D. 四级

9. 某超高层民用建筑，其楼板的耐火极限不应低于（　　）。

A. 3.00 h

B. 2.00 h

C. 1.00 h

D. 1.50 h

10. （　　）耐火等级多层住宅建筑内采用预应力混凝土的楼板，其耐火极限不应低于 0.75 h。

A. 三级

B. 四级

C. 二级

D. 一级

11. 三级耐火等级的医疗建筑、中小学校的教学建筑、老年人照料设施及托儿所、幼儿园的儿童用房和儿童游乐厅等儿童活动场所的吊顶，当采用难燃材料时，其耐火极限不应低于（　　）。

A. 0.50 h

B. 0.75 h

C. 1.00 h

D. 0.25 h

12. 下列关于民用建筑耐火等级的说法中，不正确的是（　　）。

A. 建筑高度为 33 m 的办公楼，耐火等级不应低于二级

B. 建筑高度为 22 m 的多层商场，耐火等级不应低于二级

C. 建筑高度为 99.6 m 的住宅，耐火等级不应低于一级

D. 设置在地下一层建筑面积仅为 100 m^2 的网吧，耐火等级不应低于二级

项目三　建筑消防设施的作用与分类

1. 建筑（　　）设施是指能在一定时间内把火势控制在一定空间内，有效阻止其蔓延扩大的一系列分隔设施。

A. 灭火救援

B. 应急疏散

C. 防火分隔

D. 消防灭火

2. 消防给水设施是建筑消防给水系统的重要组成部分，其主要功能是为建筑消防给水系统储存并提供足够的消防（　　），确保消防给水系统的供水安全可靠。

A. 水量和水压

B. 用水设施

C. 水压

D. 水量

3.（　　）是从消防电源到消防用电设备的中间环节。

A. 消防电源

B. 消防配电箱

C. 消防线路

D. 应急电源

4.（　　）不属于火灾自动报警系统按应用范围分类。

A. 区域报警系统

B. 集中报警系统

C. 控制中心报警系统

D. 独立报警系统

项目四　建筑消防设施的设置与管理

1. 建筑消防设施的安装单位应具备相应等级的（　　），并按图施工，确保工程质量符合相关技术标准要求。

A. 设计人员资质

B. 施工人员资质

C. 专业施工资质

D. 监理资质

2. 配置火灾自动报警系统的单位应当与（　　）联网，并确保其正常运行。

A. 城市火灾自动报警信息系统

B. 区域火灾自动报警信息系统

C. 省级火灾自动报警信息系统

D. 市级火灾自动报警信息系统

3.（　　）不属于建筑消防设施管理职责。

A. 各级政府及相关部门职责

B. 单位自主管理职责

C. 消防监督管理职责

D. 应急管理部管理职责

模块二

消防给水

项目一　消防水源

1. 下列属于备用消防水源的是（　　）。

A. 游泳池

B. 市政给水

C. 高位消防水箱

D. 天然水源

2. 消防水源可以向水灭火设施、车载或手抬等移动消防水泵、固定消防水泵等提供消防用水。下列不属于消防水源的是（　　）。

A. 高位消防水池

B. 市政给水

C. 高位消防水箱

D. 天然水源

3. 市政给水管网可用作两路消防供水的要求不包括（　　）。

A. 市政给水厂应至少两条输水干管向市政给水管网输水

B. 市政给水管网应为枝状管网

C. 市政给水管网应为环状管网

D. 应至少有两条不同的市政给水干管上不少于两条引入管向消防给水系统供水

4. 当采用一路消防供水或只有一条入户引入管，且室外消火栓设计流量大于（　　）L/s 或建筑高度大于（　　）m 时，应设置消防水池。

A. 15，30

B. 25，50

C. 20，50

D. 30，60

5. 在市政给水管道、进水管道或天然水源不能满足消防用水量时应设置消防水池，其补水时间不宜超过（　　）h。

A. 8

B. 12

C. 24

D. 48

6. 当消防水池采用两路消防供水且在火灾情况下连续补水能满足消防要求时，消防水池的有效容积应根据计算确定，但不应小于（　　）m^3，当仅设有消火栓系统时不应小于（　　）m^3。

A. 100，50

B. 150，60

C. 200，50

D. 300，60

7. 储存室外消防用水的消防水池或供消防车取水的消防水池取水口（井）与建筑物（水泵房除外）的距离不宜小于（　　）m。

A. 5

B. 10

C. 15

D. 25

8. 当地表水作为室外消防水源时，应采取确保消防车、固定和移动消防水泵在枯水位取水的技术措施；当消防车取水时，最大吸水高度不应超过（　　）m。

A. 0.5

B. 2.0

C. 5.0

D. 6.0

9. 消防水池的总蓄水有效容积大于（　　）m^3时，宜设两格能独立使用的消防水池。

A. 200

B. 300

C. 500

D. 1 000

10. 消防水池的总蓄水有效容积大于（　　）m^3时，应设置能独立使用的两座消防水池。

A. 200

B. 180

C. 500

D. 1 000

11. 吸水管喇叭口在消防水池最低有效水位下的淹没深度应根据吸水喇叭口的水流速度和水力条件确定，但不应小于（　　）mm。

A. 180

B. 200

C. 500

D. 600

12. 消防水池应设置的取水口（井）与水泵房的距离（　　）。

A. 不宜小于 6 m

B. 不宜小于 15 m

C. 不限

D. 不宜小于 60 m

13. 消防水池取水口（井）与甲、乙、丙类液体储罐等构筑物的距离不宜小于（　　）m。

A. 6

B. 15

C. 40

D. 60

14. 消防水池取水口（井）与液化石油气储罐的距离不宜小于（　　）m。

A. 6

B. 15

C. 40

D. 60

项目二　供水设施及管网

1. 消防水泵是消防给水系统的心脏。下列情况可不设备用泵的是（　　）。

A. 建筑高度为 60 m 的住宅

B. 室外消防给水设计流量为 40 L/s 的建筑

C. 建筑高度为 54 m 的住宅

D. 室内消防给水设计流量为 10 L/s 的建筑

2. 某建筑采用临时高压消防给水系统，经计算消防水泵设计扬程为 0.90 MPa。选择消防水泵时，消防水泵零流量时的压力应在（　　）MPa 之间。

A. 0.90 ~ 1.08

B. 1.26 ~ 1.35

C. 1.26 ~ 1.44

D. 1.08 ~ 1.26

3. 柴油机消防水泵的供油箱应根据火灾延续时间确定，且油箱最小有效容积应按 1.5 L/kW 配置，柴油机消防水泵油箱内储存的燃料不应小于（　　）的储量。

A. 20%

B. 30%

C. 40%

D. 50%

4. 轴流深井泵安装于水井时，其淹没深度应满足其可靠运行的要求，在水泵出流量为 150%设计流量时，其最低淹没深度应是第一个水泵叶轮底部水位线以上不少于 3.20 m，且海拔每增加 300 m，深井泵的最低淹没深度应至少增加（　　）m。

A. 0.20

B. 0.30

C. 0.40

D. 0.50

5. 轴流深井泵安装在消防水池等消防水源上时，应满足消防水池等消防水源有效储水量或有效水位能全部被利用的要求；当水泵设计流量大于（　　）L/s 时，应根据水泵性能确定淹没深度，并应满足水泵气蚀余量的要求。

A. 75

B. 120

C. 125

D. 250

6. 消防给水同一泵组的消防水泵型号宜一致，且工作泵不宜超过（　　）台。

A. 2

B. 3

C. 4

D. 5

7. 消防水泵从市政管网直接抽水时，应在消防水泵出水管上设置（　　）。

A. 旋流防止器

B. 止回阀

C. 安全阀

D. 有空气隔断的倒流防止器

8. 单台消防水泵的最小额定流量不应小于（　　）L/s，最大额定流量不宜大于（　　）L/s。

A. 50，250

B. 5，300

C. 10，320

D. 30，300

9. 消防水泵的选择和应用应使其流量-扬程性能曲线为无驼峰、无拐点的光滑曲线，零流量时的压力不应大于设计工作压力的（　　），且宜大于设计工作压力的（　　）。

A. 140%，120%

B. 150%，65%

C. 120%，140%

D. 100%，120%

10. 消防水泵的选择和应用应符合要求，当出流量为设计流量的（　　）时，其出口压力不应低于设计工作压力的（　　）。

A. 140%，120%

B. 65%，150%

C. 120%，140%

D. 150%，65%

11. 消防水泵的吸水管上应设置明杆闸阀或带自锁装置的蝶阀，但当设置暗杆闸门时应设有开启刻度和标志；当管径超过（　　）时，宜设置电动阀门。

A. DN80

B. DN100

C. DN150

D. DN300

12. 消防水泵吸水管的直径为 DN200，流速宜为（　　）m/s。

A. 1.2

B. 1.3

C. 1.5

D. 1.6

13. 消防水泵吸水管可设置管道过滤器，管道过滤器的过水面积应大于管道过水面积的（　　）倍，且孔径不宜小于（　　）mm。

A. 3，4

B. 4，3

C. 3，5

D. 5，3

14. 消防水泵出水管的直径为 DN200 时，其适宜的流速为（　　）m/s。

A. 2.5

B. 2.3

C. 2.2

D. 1.8

15. 消防水泵出水总管上应安装的压力表，在没有设计要求时，其量程应为系统工作压力的（　　）倍。

A. 2 ~ 2.5

B. 1.5 ~ 2.0

C. 2 ~ 3.0

D. 1.5 ~ 2.5

16. 消防水泵出水管压力表的最大量程不应低于其设计工作压力的（　　）倍，且不应低于（　　）MPa。

A. 2，1.5

B. 2.5，1.2

C. 2，1.6

D. 1.2，1.8

17. 消防水泵吸水管设置的压力表的最大量程应根据工程具体情况确定，但不应低于（　　）MPa。

A. 0.70

B. 0.80

C. 0.90

D. 0.60

18. 消防水泵吸水管和出水管上应设置压力表，压力表的直径不应小于（　　）mm，应采用直径不小于 6 mm 的管道与消防水泵进出口管相接，并应设置关断阀门。

A. 50

B. 80

C. 100

D. 150

19. 单台消防给水泵的流量不大于（　　）L/s、设计工作压力不大于（　　）MPa 时，泵组应预留测量用流量计和压力计接口，其他泵组宜设置泵组流量和压力测试装置。

A. 20，0.35

B. 25，0.45

C. 15，0.20

D. 20，0.50

20. 消防水泵流量检测装置的计量精度应为（　　）级，最大量程的75%应大于最大一台消防水泵设计流量值的（　　）。

A. 0.4，175%

B. 0.5，165%

C. 0.4，165%

D. 0.5，175%

21. 建筑高度小于（　　）m 的住宅和室外消防给水设计流量小于或等于（　　）L/s 时，可不设备用泵。

A. 50，25

B. 54，25

C. 25，54

D. 54，10

22. 下列关于消防水泵的说法，不正确的是（　　）。

A. 水泵驱动器宜采用电动机或柴油机直接传动，消防水泵不应采用双电动机或基于柴油机等组成的双动力驱动水泵

B. 消防水泵的性能应满足消防给水系统所需流量和压力的要求

C. 消防水泵所配驱动器的功率应满足所选水泵流量扬程性能曲线上任何一点运行所需功率的要求

D. 当采用电动机驱动的消防水泵时，应选择电动机湿式深坑安装的消防水泵

23. 柴油机消防水泵应具备连续工作的性能，试验运行时间不应小于（　　）h。

A. 24

B. 12

C. 48

D. 8

24. 减压阀应根据消防给水设计流量和压力选择，且设计流量应在减压阀流量压力特性曲线的有效段内，并校核在（　　）设计流量时，减压阀的出口动压不应小于设计值的（　　）。

A. 120，140%

B. 175，65%

C. 165，75%

D. 150，65%

25. 采用减压阀减压分区供水时，每一供水分区应设不少于（　　）减压阀组，每组减压阀组宜设置备用减压阀。

A. 一组

B. 两组

C. 三组

D. 四组

26. 减压阀串联减压时，不应大于两级，第二级减压阀宜采用（　　）减压阀，阀前后压力差不宜超过（　　）MPa。

A. 比例式，0.40

B. 先导式，0.40

C. 先导式，0.45

D. 比例式，0.45

27. 过滤器和减压阀前后应设压力表，压力表的表盘直径不应小于（　　）mm，最大量程宜为设计压力的（　　）倍。

A. 100，2

B. 60，3

C. 100，6

D. 75，3

28. 减压阀前压力表和相关阀门安装顺序正确的是（　　）。

A. 压力表→闸阀→过滤器

B. 过滤器→闸阀→压力表

C. 闸阀→压力表→过滤器

D. 过滤器→压力表→闸阀

29. 下列关于减压阀的设置说法不正确的是（　　）。

A. 过滤器前和减压阀后应设置控制阀门

B. 减压阀后应设置压力试验排水阀

C. 垂直安装的减压阀，水流方向宜向下

D. 可调式减压阀宜垂直安装，比例式减压阀宜水平安装

30. 减压阀的进口处应设置过滤器，过滤器的孔网直径不宜小于（　　）目/cm^2，过流面积不应小于管道截面积的（　　）倍。

A. 3～4，4

B. 4～5，5

C. 3～5，5

D. 4～5，4

31. 室外消防给水采用两路消防供水时，应布置成（　　）。

A. 枝状

B. 环状

C. 树干状

D. 放射状

32. 当室外消防给水系统因引入管设有倒流防止器，在火灾时其水头损失导致室外消火栓的出流量和压力不能满足相应的要求时，应采取的有效措施是（　　）。

A. 增加供水时间

B. 采用高压消防给水系统

C. 在倒流防止器后增加室外消火栓

D. 在倒流防止器前增加室外消火栓

33. 室内消火栓竖管管径应根据竖管最低流量经计算确定，但不应小于（　　）。

A. DN100

B. DN65

C. DN150

D. DN300

34. 室内消火栓竖管应保证检修管道时关闭停用的竖管不超过 1 根，当竖管超过（　　）根时，可关闭不相邻的 2 根。

A. 3

B. 4

C. 5

D. 6

35. 室内消火栓给水管网宜与自动喷水等其他水灭火系统的管网分开设置；当合用消防泵时，供水管路沿水流方向应在（　　）分开设置。

A. 水流指示器前

B. 水流指示器后

C. 报警阀前

D. 报警阀后

36. 室内消火栓系统管网应布置成环状，当室外消火栓设计流量不大于（　　）L/s，且室内消火栓不超过（　　）个时，除现行国家标准规定外，可布置成枝状。

A. 15，10

B. 10，20

C. 20，10

D. 20，15

37. 室内消火栓消防给水管道的设计流速不宜大于（　　）m/s，自动喷水灭火系统管道设计流速应符合现行国家标准的有关规定，但任何消防管道的给水流速不应大于（　　）m/s。

A. 1.5，10

B. 2.5，5

C. 5，7

D. 2.5，7

38. 体积大于（　　）m^3的教学建筑应设置室内消火栓系统。

A. 5 000

B. 10 000

C. 20 000

D. 8 000

39. 室内消火栓栓口动压力不应大于（　　）MPa。

A. 0.25

B. 0.35

C. 0.50

D. 0.70

40. 室内净空高度超过（　　）m 的民用建筑，消火栓栓口动压不应小于 0.35MPa，且消防水枪充实水柱应按 13m 计算。

A. 6

B. 7

C. 8

D. 9

41. 稳压泵设有三个压力控制点，分别为 $P1$、$P2$、$P3$，其中 $P1$ 为稳压上限，$P2$ 为稳压下限，$P3$ 为消防主泵启动压力点。下列关于这三个压力控制点的说法，正确的是（　　）。

A. 当压力达到 $P2$ 时，稳压泵停止

B. 当压力达到 $P1$ 时，稳压泵启动

C. 当压力达到 $P3$ 时，稳压泵启动，消防主泵也同时启动

D. 以上说法都不对

42. 对于采用临时高压消防给水系统的高层或多层建筑，当消防水箱设置高度不能满足系统最不利点灭火设备所需的水压要求时，应设置（　　）。

A. 备用消防泵

B. 消防水泵接合器

C. 气压水罐

D. 稳压泵

43. 下列关于稳压泵的说法，不正确的是（　　）。

A. 临时高压消防给水系统需用稳压泵满足系统最不利点灭火设备所需的水压要求

B. 宜采用单吸单级或单吸多级离心泵

C. 泵外壳宜采用球墨铸铁

D. 叶轮宜采用不锈钢

44. 当没有管网泄漏量数据时，稳压泵的设计流量宜按消防给水设计流量的（　　）计，且不宜小于 1 L/s。

A. 1% ~ 2%

B. 1% ~ 3%

C. 1.5% ~ 3%

D. 2% ~ 4%

45. 稳压泵的设计压力应保持系统自动启泵压力设置点处的压力在准工作状态时大于系统设置自动启泵压力值，且增加值宜为（　　）MPa。

A. 0.07 ~ 0.10

B. 0.70 ~ 1.00

C. 0.05 ~ 0.07

D. 0.02 ~ 0.05

46. 稳压泵的设计压力应保持系统最不利点处水灭火设施在准工作状态时的静水压力应大于（　　）MPa。

A. 0.05

B. 0.07

C. 0.10

D. 0.15

47. 稳压泵吸水管应设置（　　），稳压泵出水管应设置（　　）。

A. 消声止回阀和明杆闸阀、明杆闸阀

B. 明杆闸阀、消声止回阀和暗杆闸阀

C. 明杆闸阀、消声止回阀和明杆闸阀

D. 暗杆闸阀、消声止回阀和明杆闸阀

48. 设置稳压泵的临时高压消防给水系统应设置防止稳压泵频繁启停的技术措施，当采用气压水罐时，其调节容积应根据稳压泵启泵次数不大于（　　）次/h 计算确定，但有效储水容积不宜小于（　　）L。

A. 15，200

B. 15，150

C. 10，150

D. 10，250

49. 稳压泵启动并持续给管网补水，但管网压力仍继续下降，则可认为有火灾发生，管网内的消防水正在被使用。当压力继续降到设定压力值 *P*2（消防主泵启动压力点）时，将联锁（　　），同时（　　）。

A. 停止消防主泵、稳压泵停止工作

B. 停止消防主泵、稳压泵启动工作

C. 启动消防主泵、稳压泵启动工作

D. 启动消防主泵、稳压泵停止工作

50. 稳压泵通过三个压力控制点（*P*2、*P*3、*P*4）分别与（　　）相连接，用来控制其工作。

A. 接触器

B. 压力继电器

C. 隔离器

D. 断路器

51. 下列建筑中，室内采用临时高压消防给水系统时，必须设置高位消防水箱的建筑是（　　）。

A. 建筑面积为 5 000 m^2的单层丙类厂房

B. 建筑面积为 40 000 m^2的 4 层丁类厂房

C. 建筑面积为 5 000 m^2的 2 层办公楼

D. 建筑面积为 30 000 m^2的 3 层商业中心

52. 室内采用临时高压消防给水系统时，当市政供水管网的供水能力在满足生产、生活最大小时用水量后，仍能满足初期火灾所需的消防流量和压力时，市政直接供水可替代（　　）。

A. 转输水箱

B. 减压水箱

C. 稳压泵

D. 高位消防水箱

53. 平时不能满足水灭火设施所需的工作压力和流量，火灾时能自动启动消防水泵以满足水灭火设施所需的工作压力和流量的供水系统是（　　）。

A. 高压消防给水系统

B. 临时高压消防给水系统

C. 低压消防给水系统

D. 常压消防给水系统

54. 设有消防给水的住宅、超过（　　）层的其他多层民用建筑应设置消防水泵接合器。

A. 2

B. 3

C. 4

D. 5

55. 超过（　　）层或建筑面积大于（　　）m^2 的地下或半地下建筑（室）应设置消防水泵接合器。

A. 2，5 000

B. 2，10 000

C. 4，5 000

D. 4，10 000

56. 室内消火栓设计流量大于（　　）L/s 平战结合的人防工程应设置消防水泵接合器。

A. 10

B. 15

C. 20

D. 25

57. 高层工业建筑和超过（　　）层的多层工业建筑、城市交通隧道应设置消防水泵接合器。

A. 二

B. 三

C. 四

D. 五

58. 消防水泵接合器的给水流量宜按每个（　　）L/s 计算。

A. 5 ~ 10

B. 10 ~ 15

C. 15 ~ 20

D. 10 ~ 20

59. 下列关于消防水泵接合器的设置说法，不正确的是（　　）。

A. 临时高压消防给水系统向多栋建筑供水时，消防水泵接合器应按每座建筑分区供水设置

B. 消防水泵接合器的供水范围，应根据当地消防车的供水流量和压力确定

C. 消防给水为竖向分区供水时，在消防车供水压力范围内的分区，应分别设置水泵接合器

D. 当建筑高度超过消防车供水高时，消防给水应在设备层等方便操作的地点设置手抬泵或移动泵接力供水的吸水和加压接口

60. 下列关于消防水泵接合器设置要求的说法，错误的是（　　）。

A. 墙壁消防水泵接合器的安装高度距地面宜为 1.10 m

B. 水泵接合器处应设置永久性标志铭牌，并应标明供水系统、供水范围和额定压力

C. 墙壁消防水泵接合器与墙面上的门、窗、孔、洞的净距离不应小于 2 m，并且不应安装在玻璃幕墙下方

D. 水泵接合器应设在室外便于消防车使用的地点

项目三　分区供水

1. 下列关于消防泵的串联说法正确的是（　　）。

A. 消防泵的串联在扬程不变时可增加流量

B. 消防泵的串联宜采用相同型号、相同规格的消防泵

C. 在控制上，应先开启后面的消防泵，后开启前面（按水流方向）的消防泵

D. 应尽量选用单级泵

2. 水泵的并联是由两台或两台以上的消防泵同时向消防给水系统供水，其主要作用在于（　　）。

A. 保持扬程

B. 增加扬程

C. 增加流量

D. 保持流量

3. 减压阀应设置在报警阀组入口（　　），当连接（　　）及以上报警阀组时，应设置备用减压阀。

A. 前，两个

B. 后，两个

C. 前，一个

D. 后，一个

4. 采用减压阀减压分区供水时，减压阀的阀前阀后压力比值不宜大于(　　)，当一级减压阀减压不能满足要求时，可采用减压阀串联减压。

A. 2 ∶ 1

B. 3 ∶ 2

C. 3 ∶ 1

D. 1 ∶ 3

5. 高层建筑室内消火栓给水系统采用分区消防给水方式，当系统的工作压力大于 2.4 MPa 时，不应采用(　　)分区供水形式。

A. 减压阀

B. 减压水箱

C. 消防水泵串联

D. 消防水泵转输水箱串联

6. 采用减压水箱减压分区供水时，减压水箱的有效容积不应小于(　　)m^3，且宜分为两格。

A. 18

B. 36

C. 50

D. 100

7. 采用减压水箱减压分区供水时，有关规定不正确的是(　　)。

A. 减压水箱应有两条进、出水管，且每条进、出水管应满足消防给水系统所需消防用水量的要求

B. 减压水箱进水管的水位控制应可靠，宜采用水位控制阀

C. 减压水箱进水管应设置防冲击和溢水的技术措施

D. 减压水箱进水管上设置紧急关闭阀门，溢流水宜排到污水池

8. 采用消防水泵串联分区供水时，宜采用消防水泵转输水箱串联供水方式，转输水箱的有效储水容积不应小于(　　)m^3，转输水箱可作为高位消防水箱。

A. 10

B. 18

C. 60

D. 100

9. 下列关于稳压泵的说法，不正确的是（　　）。

A. 稳压泵宜采用单吸单级或单吸多级离心泵

B. 稳压泵应设置备用泵

C. 稳压泵吸水管应设置明杆闸阀或带启闭刻度的暗杆闸阀

D. 稳压泵出水管应设置消声止回阀和明杆闸阀

10. 采用消防水泵串联分区供水，消防水泵直接串联时，应校核系统供水压力，并应在串联消防水泵出水管上设置（　　）。

A. 减压型倒流防止器

B. 带空气隔断的倒流防止器

C. 减压阀

D. 呼吸阀

11. 分区供水形式应根据系统压力、建筑特征，经技术经济和安全可靠性等综合因素确定，可采用消防水泵并行或串联、减压水箱和减压阀减压的形式，但当系统的工作压力大于（　　）MPa 时，应采用消防水泵串联或减压水箱分区供水形式。

A. 1.0

B. 1.2

C. 1.6

D. 2.4

12. 下列关于分区供水的控制及设计，说法不正确的是（　　）。

A. 采用消防水泵串联分区供水时，宜采用消防水泵转输水箱串联供水方式

B. 串联转输水箱的溢流管宜连接到消防水池

C. 消防水泵直接串联（无转输水箱）时，先启动低区水泵，再启动高区水泵

D. 消防水泵转输水箱串联（有转输水箱）时，先启动低区消防水泵，再启动转输水泵

13. 当高层建筑室内消火栓给水系统最低消火栓栓口处的静水压力不大于（　　）MPa，或系统工作压力不大于（　　）MPa 时，可采用不分区消防给水方式。

A. 1.0，1.6

B. 1.2，2.4

C. 1.0，2.4

D. 1.6，2.4

模块三

消火栓系统

项目一　市政消火栓

1. 当采用消防水泵接合器供应室外消防给水时，距建筑外缘（　　）m的市政消火栓可计入建筑室外消火栓的数量。

A. 10 ~ 40

B. 15 ~ 40

C. 5 ~ 40

D. 5 ~ 20

2. 下列关于消火栓系统的选择，说法不正确的是（　　）。

A. 市政消火栓和建筑室外消火栓应采用湿式消火栓系统

B. 严寒、寒冷等冬季结冰地区城市隧道及其他构筑物的消火栓系统，应采取防冻措施，并宜采用湿式消火栓系统和湿式室外消火栓

C. 室内环境温度不低于4℃，且不高于70℃的场所，应采用湿式室内消火栓系统

D. 建筑高度不大于27 m的多层住宅建筑设置室内湿式消火栓系统确有困难时，可设置干式消防竖管

3. 市政消火栓采用地下式室外消火栓时，地下消火栓井的直径不宜小于（　　）m，且当地下式室外消火栓的取水口在冰冻线以上时，应采取保温措施。

A. 0.80

B. 1.00

C. 1.20

D. 1.50

4. 市政消火栓宜采用直径（　　）的室外消火栓。

A. DN150

B. DN100

C. DN65

D. DN50

5. 下列不属于室外地上式消火栓应有的栓口直径的是（　　）。

A. 150 mm

B. 100 mm

C. 80 mm

D. 65 mm

6. 市政消火栓宜在道路的一侧设置，并宜靠近十字路口，但当市政道路宽度超过（　　）m 时，应在道路的两侧交叉错落设置市政消火栓。

A. 30

B. 50

C. 60

D. 120

7. 市政消火栓或消防车从消防水池吸水向建筑供应室外消防给水时，供消防车吸水的室外消防水池的每个取水口宜按一个室外消火栓计算，且其保护半径不应大于（　　）m。

A. 100

B. 120

C. 150

D. 160

8. 市政消火栓的间距不应大于（　　）m。

A. 60

B. 100

C. 120

D. 150

9. 市政消火栓的保护半径不应大于（　　）m。

A. 60

B. 100

C. 120

D. 150

10. 市政消火栓应布置在消防车易于接近的人行道和绿地等地点，且不应妨碍交通。市政消火栓距路边不宜小于（　　）m，并不应大于（　　）m。

A. 0.5，2.0

B. 2.0，5.0
C. 0.15，2.0
D. 0.30，5.0

11. 市政消火栓应避免设置在机械易撞击的地点，市政消火栓距建筑外墙或外墙边缘不宜小于（　　）m。

A. 2
B. 3
C. 5
D. 10

12. 当市政给水管网设有市政消火栓时，其平时运行工作压力不应小于（　　）MPa。

A. 0.07
B. 0.10
C. 0.14
D. 0.50

13. 市政给水管网设有市政消火栓时，火灾时水力最不利市政消火栓的出流量不应小于（　　）L/s，且供水压力从地面算起不应小于（　　）MPa。

A. 10，0.10
B. 10，0.14
C. 15，0.14
D. 15，0.10

14. 严寒地区在城市主要干道上设置消防水鹤的布置间距宜为(　　)m，连接消防水鹤的市政给水管的管径不宜小于（　　）。

A. 2 000，DN300
B. 1 500，DN200
C. 1 000，DN300
D. 1 000，DN200

15. 火灾时消防水鹤的出流量不宜低于（　　）L/s，且供水压力从地面算起不应小于（　　）MPa。

A. 15，0.10
B. 15，0.14
C. 30，0.14

D. 30，0.10

项目二　室外消火栓

1. 耐火等级不低于（　　）且建筑体积不大于（　　）m^3的戊类厂房，可不设置室外消火栓。

A. 二级，3 000

B. 三级，2 000

C. 二级，5 000

D. 三级，2 500

2. 居住区人数不超过（　　）人且建筑层数不超过（　　）的居住区，可不设置室外消火栓。

A. 300，两层

B. 500，两层

C. 300，三层

D. 500，三层

3. 建筑室外消火栓的数量应根据室外消火栓设计流量和保护半径经计算确定，每个室外消火栓的出流量宜按（　　）L/s 计算。

A. 10 ~ 15

B. 10 ~ 20

C. 15 ~ 25

D. 10 ~ 30

4. 室外消火栓宜沿建筑周围均匀布置，且不宜集中布置在建筑一侧；建筑消防扑救面一侧的室外消火栓数量不宜少于（　　）个。

A. 4

B. 3

C. 2

D. 5

5. 建筑室外消火栓的数量应根据室外消火栓设计流量和保护半径经计算确定，保护半径不应大于（　　）m。

A. 120

B. 150

C. 100

D. 80

6. 某商业建筑，东西长为 100 m，南北宽为 60 m，建筑高度为 26 m。室外消火栓设计流量为 40 L/s。南侧布置消防扑救面，则南侧的室外消火栓数量不宜少于（　　）个。

A. 1

B. 2

C. 3

D. 4

7. 人防工程、地下工程等建筑应在出入口附近设置室外消火栓，且距出入口的距离不宜小于（　　）m，并不宜大于（　　）m。

A. 4，30

B. 5，40

C. 5，45

D. 6，40

8. 停车场的室外消火栓宜沿停车场周边设置，且与最近一排汽车的距离不宜小于（　　）m，距加油站或油库不宜小于（　　）m。

A. 10，7

B. 15，7

C. 7，10

D. 7，15

9. 甲、乙、丙类液体储罐区和液化烃罐罐区等构筑物的室外消火栓，应设在防火堤或防护墙外，数量应根据每个罐的设计流量经计算确定，但距罐壁（　　）m 范围内的消火栓，不应计算在该罐可使用的数量内。

A. 15

B. 20

C. 30

D. 50

10. 工艺装置区等采用高压或临时高压消防给水系统的场所，其周围应设置室外消火栓，数量应根据设计流量经计算确定，且间距不应大于（　　）m。

A. 15

B. 30

C. 45

D. 60

11. 当工艺装置区、储罐区、堆场等构筑物采用临时高压消防给水系统时，室外消火栓宜配置（　　）。

A. 消防水带和轻便水龙

B. 消防水带和消防软管卷盘

C. 消防水带和消防水枪

D. 消防水枪和轻便水龙

12. 工艺装置区等采用高压或临时高压消防给水系统的场所，其周围应设置室外消火栓。当工艺装置区宽度大于（　　）m 时，宜在该装置区内的路边设置室外消火栓。

A. 100

B. 120

C. 150

D. 180

13. 当室外消防给水系统因引入管设有倒流防止器，在火灾时其水头损失导致室外消火栓的出流量和压力不能满足相应的要求时，应采取的有效措施是（　　）。

A. 增加供水时间

B. 采用高压消防给水系统

C. 在倒流防止器后增加室外消火栓

D. 在倒流防止器前增加室外消火栓

项目三　室内消火栓

1. 建筑占地面积大于（　　）m^2 的厂房和仓库应设置室内消火栓系统。

A. 150

B. 300

C. 450

D. 1 000

2. 高层公共建筑和建筑高度大于（　　）m 的住宅建筑应设置室内消火栓系统。

A. 54

B. 21

C. 27

D. 33

3. 建筑高度不大于 27 m 的住宅建筑，设置室内消火栓系统确有困难时，可只设置干式消防竖管和不带消火栓箱的（　　）的室内消火栓。

A. DN65

B. DN300

C. DN75

D. DN150

4. 体积大于（　　）m^3的车站、码头、机场的候车（船、机）建筑、展览建筑、商店建筑、旅馆建筑、医疗建筑、老年人照料设施和图书馆建筑等单、多层建筑应设置室内消火栓系统。

A. 3 000

B. 800

C. 1 200

D. 5 000

5. 下列单、多层建筑，可不设置室内消火栓系统的是（　　）。

A. 特等、甲等剧场

B. 1 200 个座位的体育馆

C. 1 200 个座位的乙等剧场

D. 2 000 个座位的礼堂

6. 建筑高度大于（　　）m 的办公建筑应设置室内消火栓系统。

A. 15

B. 18

C. 20

D. 24

7. 体积大于（　　）m^3的教学建筑应设置室内消火栓系统。

A. 5 000

B. 10 000

C. 20 000

D. 8 000

8. 下列可燃物较少的建筑或场所，可不设置室内消火栓系统，但宜设置消防软管卷盘或轻便消防水龙的是（　　）。

A. 二级耐火等级的单层丙类厂房

B. 三级耐火等级的单层丁类仓库

C. 一级耐火等级的高层戊类厂房

D. 二级耐火等级的多层丁类厂房

9. 耐火等级为三、四级且建筑体积不大于（　　）m^3的丁类厂房，可不设置室内消火栓系统，但宜设置消防软管卷盘或轻便消防水龙。

A. 3 000

B. 4 000

C. 5 000

D. 10 000

10. 耐火等级为三、四级且建筑体积不大于（　　）m^3的戊类厂房（仓库），可不设置室内消火栓系统，但宜设置消防软管卷盘或轻便消防水龙。

A. 2 000

B. 3 000

C. 4 000

D. 5 000

11. 下列建筑或场所，不可只设置消防软管卷盘或轻便消防水龙的是（　　）。

A. 粮食仓库

B. 远离城镇但有人值班的独立建筑

C. 某 120 m^2 办公室

D. 存有与水接触能引起燃烧爆炸的物品的建筑

12. 人员密集的公共建筑、建筑高度大于（　　）m 的建筑应设置消防软管卷盘或轻便消防水龙。

A. 27

B. 50

C. 54

D. 100

13. 建筑面积大于（　　）m^2 的商业服务网点内应设置消防软管卷盘或轻便消防水龙。

A. 200

B. 300

C. 500

D. 1 000

14. 关于建筑消火栓系统火灾延续时间的说法，下列正确的是(　　)。

A. 建筑高度为 105 m 的住宅火灾延续时间不应小于 3.0 h

B. 建筑高度为 25 m 的展览楼火灾延续时间不应小于 2.0 h

C. 丙、丁、戊类仓库的火灾延续时间不应小于 2.0 h

D. 甲、乙类厂房的火灾延续时间不应小于 3.0 h

15. 消火栓栓口处静压大于（　　）MPa，消防给水系统应分区供水。

A. 1.0

B. 1.2

C. 1.6

D. 2.4

16. 关于室内消防给水管网设置的说法，下列不正确的是（　　）。

A. 某建筑内设有消火栓系统和自动喷水灭火系统，其室外消火栓设计流量为 20 L/s，室内消火栓数量为 10 个，该建筑的室内消防给水管道可布置成枝状

B. 室内消火栓竖管管径应根据竖管最低流量经计算确定，但不应小于 DN100

C. 室内消火栓竖管应保证检修管道时关闭停用的竖管不超过 1 根，当竖管超过 4 根时，可关闭不相邻的 2 根

D. 室内消火栓给水管网与自动喷水灭火系统合用消防水泵时，供水管路沿水流方向应在报警阀前分开设置

17. 室内消火栓系统应采用（　　）室内消火栓，并可与消防软管卷盘或轻便水龙设置在同一箱体内。

A. DN50

B. DN65

C. DN75

D. DN80

18. 室内消火栓配置有内衬里的消防水带，长度不宜超过（　　）m。

A. 15.0

B. 20.0

C. 25.0

D. 30.0

19. 屋顶设有直升机停机坪的建筑，应在停机坪出入口处或非电器设备机房处设置消火栓，且距停机坪机位边缘的距离不应小于（　　）m。

A. 2

B. 3

C. 4

D. 5

20. 下列关于室内消火栓的设置，说法不正确的是（　　）。

A. 设置室内消火栓的建筑，包括设备层在内的各层均应设置消火栓

B. 室内消火栓应设置在楼梯间及其休息平台和前室、走道等明显易于取用，以及便于火灾扑救的位置

C. 消防电梯前室应设置室内消火栓，但不应计入消火栓使用数量

D. 冷库的室内消火栓应设置在常温穿堂或楼梯间内

21. 建筑高度小于或等于（　　）m 且体积小于或等于（　　）m^3的多层仓库，可采用 1 支消防水枪的 1 股充实水柱到达室内任何部位。

A. 24，5 000

B. 20，3 000

C. 27，4 000

D. 25，5 400

22. 建筑高度小于或等于（　　）m 且每单元设置一部疏散楼梯的住宅，可采用 1 支消防水枪的 1 股充实水柱到达室内任何部位。

A. 21

B. 27

C. 50

D. 54

23. 室内消火栓应设在明显、易于取用的地点。其栓口离地高度为（　　）m。出水方向宜向下或与设置消火栓的墙面成 90°。

A. 0.8　　B. 1.1　　C. 1.5　　D. 2

24. 下列关于试验消火栓的设置及相关说法不正确的是（　　）。

A. 试验消火栓应带有压力表

B. 多层和高层建筑应在其屋顶设置

C. 单层建筑宜设置在顶层，且应靠近出入口

D. 严寒、寒冷等冬季结冰地区可设置在顶层出口处或水箱间内等便于操作和防冻的位置

25. 室内消火栓按 2 支消防水枪的 2 股充实水柱布置的建筑物，消火栓的布置间距不应大于（　　）m。

A. 50

B. 30

C. 20

D. 25

26. 室内消火栓的间距应由计算确定。对于消火栓按 1 支消防水枪的 1 股充实水柱布置的建筑物，消火栓的布置间距不应大于（　　）m。

A. 50

B. 40

C. 30

D. 20

27. 建筑高度不大于（　　）m 的多层住宅建筑设置室内湿式消火栓系统确有困难时，可设置干式消防竖管。

A. 15

B. 21

C. 27

D. 33

28. 住宅户内宜在生活给水管道上预留一个接（　　）消防软管或轻便水龙的接口。

A. DN15

B. DN30

C. DN50

D. DN65

29. 城市交通隧道室内消火栓系统管道内的消防供水压力应保证用水量达到最大时，最低压力不应小于（　　）MPa。

A. 0.30

B. 0.35

C. 0.50

D. 0.70

30. 城市交通隧道室内消火栓系统的消火栓栓口处的出水压力超过（　　）MPa 时，应设置减压设施。

A. 0.25

B. 0.35

C. 0.50

D. 0.70

31. 城市交通隧道室内消火栓的间距不应大于（　　）m，双向同行车道或单行通行但大于 3 车道时，应双面间隔设置。

A. 50

B. 100

C. 150

D. 120

32. 隧道内允许通行危险化学品的机动车，且隧道长度超过（　　）m 时，应配置水雾或泡沫消防水枪。

A. 1 000

B. 1 500

C. 3 000

D. 2 500

33. 室内消火栓栓口动压力不应大于（　　）MPa。

A. 0.25

B. 0.35

C. 0.50

D. 0.70

34. 高层建筑、工业建筑的消火栓栓口动压不应小于（　　）MPa，且消防水枪充实水柱应按（　　）m 计算。

A. 0.35，10

B. 0.35，13

C. 0.25，10

D. 0.25，13

35. 室内净空高度超过（　　）m 的民用建筑，消火栓栓口动压不应小于 0.35 MPa，且消防水枪充实水柱应按 13 m 计算。

A. 6

B. 7

C. 8

D. 9

36. 消防软管卷盘应配置内径不小于 ϕ19 的消防软管，其长度宜为（　　）m。

A. 15.0

B. 20.0

C. 25.0

D. 30.0

37. 消防软管卷盘和轻便水龙应配置当量喷嘴直径（　　）mm 的消防水枪。

A. 6

B. 11

C. 13

D. 16

项目四　设计参数

1. 下列不属于影响建筑物室外消火栓设计流量的因素是（　　）。

A. 建筑物的用途功能

B. 建筑物的体积

C. 建筑物的耐火等级

D. 建筑物间的防火间距

2. 火车站、码头和机场的中转库房，其室外消火栓设计流量应按相应耐火等级的（　　）物品库房确定。

A. 丙类

B. 乙类

C. 丁类

D. 戊类

3. 国家级文物保护单位的重点砖木、木结构的建筑物室外消火栓设计流量，按（　　）耐火等级民用建筑物消火栓设计流量确定。

A. 一级

B. 三级

C. 二级

D. 四级

4. 当单座建筑的总建筑面积大于（　　）万平方米时，建筑物室外消火栓设计流量应按规定的最大值增加 1 倍。

A. 15

B. 10

C. 50

D. 25

5. 丁、戊类高层厂房（仓库）室内消火栓的设计流量可按表减少（　　）L/s，同时使用消防水枪数量可按表减少（　　）支。

A. 5，2

B. 10，2

C. 10，5

D. 5，3

6. 下列设施消火栓设计流量应计入室内消防给水设计流量的是（　　）。

A. 消防软管卷盘

B. 轻便消防水龙

C. 多层住宅楼梯间中的干式消防竖管

D. 多层公共建筑内的消火栓

7. 当建筑物室内设有自动喷水灭火系统、水喷雾灭火系统、泡沫灭火系统或固定消防炮灭火系统等一种或两种以上自动水灭火系统全保护时，高层建筑当高度不超过 50 m 且室内消火栓系统设计流量超过 20 L/s 时，其室内消火栓设计流量可按规范减少（　　）L/s。

A. 5.0

B. 3.0

C. 2.0

D. 2.5

8. 当建筑物室内设有自动喷水灭火系统、水喷雾灭火系统、泡沫灭火系统或固定消防炮灭火系统等一种或两种以上自动水灭火系统全保护时，多层建筑室内消火栓设计流量可减少（　　），但不应小于（　　）L/s。

A. 50%，5

B. 2.5%，5

C. 50%，10

D. 2.5%，10

项目五　消防水池的容积计算

1. 某高层综合楼，室内、外消火栓的设计流量均为 20 L/s，自动喷水灭火系统的设计流量为 15 L/s。市政给水管网能够保证室外消防用水，消防水池储存室内消火栓和自动喷水灭火系统的用水量，消防水池有符合要求的补水措施，两路补水量均为 30 m^3/h。该建筑消防水池的最小有效容积为（　　）m^3。

A. 144

B. 180

C. 240

D. 270

2. 某 60 m 综合楼，室内、外消火栓设计流量及自动喷水灭火系统设计流量均为 40 L/s，室外消火栓直接依靠市政管网供水，消防水池满足两路补水且火灾延续时间内有可靠补水 100 m^3，该建筑消防水池的最小有效容量应为（　　）m^3。

A. 432

B. 476

C. 532

D. 576

3. 某多层公共建筑内仅设置室内消火栓系统，室内消火栓的设计流量为 10 L/s，市政管网能满足室外消火栓用水量，消防水池采用两路消防供水，且在火灾情况下连续补水能满足消防要求，两根补水管的补水量分别为 40 m^3/h 和 20 m^3/h。下列关于该建筑消防水池的说法，错误的是（　　）。

A. 消防水池的有效容积应满足在火灾延续时间内室内消火栓用水量的要求

B. 消防水池进水管管径不应小于 DN100

C. 消防水池的有效容积不应小于 72 m^3

D. 该消防水池的补水流量按 20 m^3/h 计算

综合测试一

一、单选题

1. 下列属于备用消防水源的是（　　）。
   A. 游泳池
   B. 市政给水
   C. 高位消防水箱
   D. 天然水源

2. 烟气的流动速度主要与火灾现场的（　　）有关。
   A. 发热量
   B. 火灾范围
   C. 氧气浓度
   D. 可燃物数量

3. 下列关于消火栓系统的选择，说法不正确的是（　　）。
   A. 市政消火栓和建筑室外消火栓应采用湿式消火栓系统
   B. 严寒、寒冷等冬季结冰地区城市隧道及其他构筑物的消火栓系统，应采取防冻措施，并宜采用湿式消火栓系统和湿式室外消火栓
   C. 室内环境温度不低于 4℃，且不高于 70℃的场所，应采用湿式室内消火栓系统
   D. 建筑高度不大于 27 m 的多层住宅建筑设置室内湿式消火栓系统确有困难时，可设置干式消防竖管

4. 当采用一路消防供水或只有一条入户引入管，且室外消火栓设计流量大于（　　）L/s 或建筑高度大于（　　）m 时，应设置消防水池。
   A. 15，30
   B. 25，50
   C. 20，50
   D. 30，60

5. 目前我国大多数登高消防车的最大工作高度均在（　　）m 以内。
   A. 100
   B. 1 000

C. 500

D. 50

6. 市政消火栓宜采用直径（　　）的室外消火栓。

A. DN150

B. DN100

C. DN65

D. DN50

7. 消防水池的总蓄水有效容积大于（　　）m^3时，宜设两格能独立使用的消防水池。

A. 200

B. 300

C. 500

D. 1 000

8. 市政消火栓宜在道路的一侧设置，并宜靠近十字路口，但当市政道路宽度超过（　　）m 时，应在道路的两侧交叉错落设置市政消火栓。

A. 30

B. 50

C. 60

D. 120

9. 下列（　　）不是按照建筑的使用性质进行分类。

A. 工业建筑

B. 高档建筑

C. 农业建筑

D. 民用建筑

10. 市政消火栓的间距不应大于（　　）m。

A. 60

B. 100

C. 120

D. 150

11. 消防水池取水口（井）与液化石油气储罐的距离不宜小于（　　）m。

A. 6

B. 15

C. 40

D. 60

12. 商业服务网点是设置在住宅建筑的首层或首层及二层，每个分隔单元建筑面积不大于（　　）m^2 的商店、邮政所、储蓄所、理发店等小型营业性用房。

A. 100

B. 200

C. 300

D. 400

13. 市政消火栓应避免设置在机械易撞击的地点，市政消火栓距建筑外墙或外墙边缘不宜小于（　　）m。

A. 2

B. 3

C. 5

D. 10

14. 某建筑采用临时高压消防给水系统，经计算消防水泵设计扬程为 0.90 MPa。选择消防水泵时，消防水泵零流量时的压力应在（　　）MPa。

A. 0.90 ~ 1.08

B. 1.26 ~ 1.35

C. 1.26 ~ 1.44

D. 1.08 ~ 1.26

15. 建筑高度 24 m 以上部分，任一楼层建筑面积大于（　　）m^2 的商店、展览、电信、邮政、财贸金融建筑和其他多种功能组合的建筑为一类高层公共建筑。

A. 1 000

B. 2 000

C. 1 500

D. 1 200

16. 闪点小于（　　）的液体火灾危险性类别属于甲类。

A. 23℃

B. 24℃

C. 28℃

D. 32℃

17. 某 60 m 综合楼，室内、外消火栓设计流量及自动喷水灭火系统设计流量均为 40 L/s，室外消火栓直接依靠市政管网供水，消防水池满足两路补水且火灾延续时间内有可靠补水 100 m^3，该建筑消防水池的最小有效容量应为（　　）m^3。

A. 432

B. 476

C. 532

D. 576

18. 同一座厂房或厂房的任一防火分区内有不同火灾危险性生产时，火灾危险性较大的生产部分占本层或本防火分区建筑面积的比例小于(　　)，且发生火灾事故时不足以蔓延至其他部位或火灾危险性较大的生产部分采取了有效的防火措施，可按火灾危险性较小的部分确定。

A. 3%

B. 5%

C. 10%

D. 20%

19. 丁、戊类储存物品仓库的火灾危险性，当可燃包装重量大于物品本身重量（　　）或可燃包装体积大于物品本身体积的（　　）时，应按丙类确定。

A. 1/4，1/2

B. 1/2，1/4

C. 1/3，1/2

D. 1/4，1/3

20. 火灾时消防水鹤的出流量不宜低于（　　）L/s，且供水压力从地面算起不应小于（　　）MPa。

A. 15，0.10

B. 15，0.14

C. 30，0.14

D. 30，0.10

21. 某多层公共建筑内仅设置室内消火栓系统，室内消火栓的设计流量为 10 L/s，市政管网能满足室外消火栓用水量，消防水池采用两路消防供水，且在火灾情况下连续补水能满足消防要求，两根补水管的补水量分别为 40 m^3/h 和 20 m^3/h。下列关于该建筑消防水池的说法，错误的是（　　）。

A. 消防水池的有效容积应满足在火灾延续时间内室内消火栓用水量的要求

B. 消防水池进水管管径不应小于 DN100

C. 消防水池的有效容积不应小于 72 m^3

D. 该消防水池的补水流量按 20 m^3/h 计算

22. 消防水池取水口（井）与液化石油气储罐的距离，如果加入了热辐射阻隔措施，可为（　　）m。

A. 20

B. 30

C. 35

D. 50

23. 下列关于消防泵的串联说法正确的是（　　）。

A. 消防泵的串联在扬程不变时可增加流量

B. 消防泵的串联宜采用相同型号、相同规格的消防泵

C. 在控制上，应先开启后面的消防泵，后开启前面（按水流方向）的消防泵

D. 应尽量选用单级泵

24. 居住区人数不超过（　　）人且建筑层数不超过（　　）的居住区，可不设置室外消火栓。

A. 300，两层

B. 500，两层

C. 300，三层

D. 500，三层

25. 室外消火栓宜沿建筑周围均匀布置，且不宜集中布置在建筑一侧；建筑消防扑救面一侧的室外消火栓数量不宜少于（　　）个。

A. 4

B. 3

C. 2

D. 5

26. 高层建筑室内消火栓给水系统采用分区消防给水方式，当系统的工作压力大于 2.4 MPa 时，不应采用（　　）分区供水形式。

A. 减压阀

B. 减压水箱
C. 消防水泵串联
D. 消防水泵转输水箱串联

27. 停车场的室外消火栓宜沿停车场周边设置，且与最近一排汽车的距离不宜小于（　　）m，距加油站或油库不宜小于（　　）m。
A. 10，7
B. 15，7
C. 7，10
D. 7，15

28. 消防水泵出水管的直径大于 DN250 时，其流速宜为（　　）m/s。
A. 1.0 ~ 1.2
B. 1.5 ~ 2.0
C. 2.0 ~ 2.5
D. 2.0 ~ 2.2

29. 采用消防水泵串联分区供水时，宜采用消防水泵转输水箱串联供水方式，转输水箱的有效储水容积不应小于（　　）m^3，转输水箱可作为高位消防水箱。
A. 10
B. 18
C. 60
D. 100

30. 建筑高度大于（　　）m 的办公建筑应设置室内消火栓系统。
A. 15
B. 18
C. 20
D. 24

31. 甲、乙、丙类液体储罐区和液化烃储罐区等构筑物的室外消火栓，应设在防火堤或防护墙外，数量应根据每个罐的设计流量经计算确定，但距罐壁（　　）m 范围内的消火栓，不应计算在该罐可使用的数量内。
A. 15
B. 20
C. 30
D. 50

32. 建筑的室内消防给水设计流量小于或等于（　　）L/s 的建筑，可不设备用泵。

A. 5

B. 10

C. 15

D. 20

33. 耐火等级为三、四级且建筑体积不大于（　　）m^3的戊类厂房（仓库），可不设置室内消火栓系统，但宜设置消防软管卷盘或轻便消防水龙。

A. 2 000

B. 3 000

C. 4 000

D. 5 000

34. 减压阀应根据消防给水设计流量和压力选择，且设计流量应在减压阀流量压力特性曲线的有效段内，并校核在（　　）设计流量时，减压阀的出口动压不应小于设计值的（　　）。

A. 120%，140%

B. 175%，65%

C. 165%，75%

D. 150%，65%

35. 城市交通隧道室内消火栓系统的消火栓栓口处的出水压力超过（　　）MPa 时，应设置减压设施。

A. 0.25

B. 0.35

C. 0.50

D. 0.70

36. 采用减压阀减压分区供水时，每一供水分区应设不少于（　　）减压阀组，每组减压阀组宜设置备用减压阀。

A. 一组

B. 两组

C. 三组

D. 四组

37. 当建筑物室内设有自动喷水灭火系统、水喷雾灭火系统、泡沫灭火系统或固定消防炮灭火系统等一种或两种以上自动水灭火系统全保护时，多层建筑室内消火栓设计流量可减少（　　），但不应小于（　　）L/s。

A. 50%，5

B. 2.5%，5

C. 50%，10

D. 2.5%，10

38. 火车站、码头和机场的中转库房，其室外消火栓设计流量应按相应耐火等级的（　　）物品库房确定。

A. 丙类

B. 乙类

C. 丁类

D. 戊类

39. 当工艺装置区、储罐区、堆场等构筑物采用临时高压消防给水系统时，室外消火栓宜配置（　　）。

A. 消防水带和轻便水龙

B. 消防水带和消防软管卷盘

C. 消防水带和消防水枪

D. 消防水枪和轻便水龙

40. 下列关于分区供水的控制及设计，说法不正确的是（　　）。

A. 采用消防水泵串联分区供水时，宜采用消防水泵转输水箱串联供水方式

B. 串联转输水箱的溢流管宜连接到消防水池

C. 消防水泵直接串联（无转输水箱）时，先启动低区水泵，再启动高区水泵

D. 消防水泵转输水箱串联（有转输水箱）时，先启动低区消防水泵，再启动转输水泵

41. 下列不属于我国建筑构件按其燃烧性能分类的是（　　）。

A. 不燃性构件

B. 易燃性构件

C. 难燃性构件

D. 可燃性构件

42. 丁、戊类高层厂房（仓库）室内消火栓的设计流量可按表减少（　　）L/s，同时使用消防水枪数量可按表减少（　　）支。

A. 5，2
B. 10，2
C. 10，5
D. 5，3

43. 高层公共建筑和建筑高度大于（　　）m 的住宅建筑应设置室内消火栓系统。
A. 54
B. 21
C. 27
D. 33

44. 甲、乙类厂房和甲、乙、丙类仓库内的防火墙，其耐火极限不应低于（　　）。
A. 4.00 h
B. 3.00 h
C. 2.00 h
D. 5.00 h

45. 下列关于民用建筑耐火等级的说法中，不正确的是（　　）。
A. 建筑高度为 33 m 的办公楼，耐火等级不应低于二级
B. 建筑高度为 22 m 的多层商场，耐火等级不应低于二级
C. 建筑高度为 99.6 m 的住宅，耐火等级不应低于一级
D. 设置在地下一层建筑面积仅为 100 m^2 的网吧，耐火等级不应低于二级

46. 消防给水设施是建筑消防给水系统的重要组成部分，其主要功能是为建筑消防给水系统储存并提供足够的消防（　　），确保消防给水系统的供水安全可靠。
A. 水量和水压
B. 用水设施
C. 水压
D. 水量

47. 下面（　　）不属于火灾自动报警系统按应用范围分类。
A. 区域报警系统
B. 集中报警系统
C. 控制中心报警系统
D. 独立报警系统

48. 配置火灾自动报警系统的单位应当与（　　）联网，并确保其正常运行。

A. 城市火灾自动报警信息系统

B. 区域火灾自动报警信息系统

C. 省级火灾自动报警信息系统

D. 市级火灾自动报警信息系统

49. 下列（　　）项不属于建筑消防设施管理职责。

A. 各级政府及相关部门职责

B. 单位自主管理职责

C. 消防监督管理职责

D. 应急管理部管理职责

二、多选题

1. 某单层铝材锻造厂房，建筑面积为 2 000 m^2，因工艺升级需要在原厂房内划分一片区域做喷漆车间，厂在该区域内设置可燃气体探测系统，并在封闭区域保持负压，如果不改变原厂的火灾危险性，则该喷漆工段区域建筑面积符合规定的有（　　）。

A. 300 m^2

B. 200 m^2

C. 400 m^2

D. 500 m^2

E. 600 m^2

2. 下列关下消防水泵选用的说法中，正确的有（　　）。

A. 柴油机消防水泵应采用火花塞点火型柴油机

B. 消防水泵流量-扬程性能曲线应平滑、无拐点、无驼峰

C. 消防给水同一泵组的消防水泵型号应一致，工作泵不宜超过 5 台

D. 消防水泵泵轴的密封方式和材料应满足消防水泵在最低流量时运转的要求

E. 电动机驱动消防水泵时，应选择电动机干式安装的消防水泵

3. 下列关于消防水泵控制与操作的说法，不正确的有（　　）。

A. 消防水泵应确保从接到启泵信号到水泵正常运转的自动启动时间不应大于 2.0 min

B. 消防水泵控制柜应设置机械应急启泵功能，机械应急启动时，应确保消防水泵在报警 5.0 min 内正常工作

C. 以备用电源切换方式启动消防水泵时，消防水泵应在 2 min 内投入正

常运行

D. 以备用泵切换启动消防水泵时，消防水泵应在 1 min 内投入正常运行

E. 以自动直接启动或手动直接启动消防水泵时，消防水泵应在 55 s 内投入正常运行，且应无不良噪声和振动

4. 下列关于消防水泵管路设计流速的说法，正确的有（ ）。

A. 消防水泵出水管的直径小于 DN250 时，其流速宜为 2.0 m/s ~ 2.5 m/s

B. 消防水泵吸水管的直径大于 DN250 时，其流速宜为 1.2 m/s ~ 1.6 m/s

C. 消防水泵出水管的直径大于 DN250 时，其流速宜为 1.5 m/s ~ 2.0 m/s

D. 消防水泵吸水管的直径小于 DN250 时，其流速宜为 1.0 m/s ~ 1.2 m/s

E. 消防给水管道的设计流速不宜大于 2.5 m/s

5. 下列关于稳压泵的说法，不正确的有（ ）。

A. 当高位消防水箱最低有效水位不能满足使水灭火设施最不利点处的静水压力大于 0.15 MPa 的要求时，应设稳压泵

B. 稳压泵的设计流量应小于消防给水系统管网的正常泄漏量和系统自动启动流量

C. 稳压泵的设计压力应满足系统自动启动和管网充满水的要求，其设计压力应保持系统最不利点处水灭火设施在准工作状态时的静水压力应大于 0.15 MPa

D. 当采用气压水罐时，其调节容积应根据稳压泵启泵次数不大于 15 次/h 计算确定，但有效储水容积不宜小于 300 L

E. 稳压泵应设置备用泵

6. 下列关于消防水泵管路布置的说法，正确的有（ ）。

A. 一组消防水泵的吸水管不应少于两条，当其中一条损坏或检修时，另一条吸水管应仍能通过 50%消防给水设计流量

B. 吸水管水平管段上不应有气囊和漏气现象，变径连接时应采用同心异径管件并应采用管顶平接

C. 出水管压力表的最大量程不应低于其设计工作压力的 2 倍，且不应低于 1.60 MPa

D. 系统的总出水管上应安装压力表和压力开关，压力表量程在没有设计要求时，应为系统工作压力的 2 倍 ~ 2.5 倍

E. 一组消防水泵应设不少于两条的输水干管与消防给水环状管网连接

7. 以下关于消防给水系统分区供水叙述正确的有（ ）。

A. 某高层住宅建筑，系统工作压力为 2.4 MPa，应进行分区供水

B. 某商场自动喷水灭火系统喷头处的工作压力为 1.1 MPa，应进行分区

供水

C. 消火栓栓口处静压为 1.2 MPa 时，应进行分区供水

D. 分区供水可采用消防水泵并行或串联、减压阀减压、减压水箱减压等方式

E. 系统的静压大于 2.40 MPa 时，应采用减压阀或减压水箱的分区供水形式

8. 下列关于室外消防给水管道的布置说法正确的是（　　）。

A. 室外消防给水采用两路消防供水时，应布置成枝状

B. 消防给水管道应采用阀门分成若干独立段，每段内室外消火栓的数量不宜超过 5 个

C. 室外消防给水管道的直径不应小于 DNl00

D. 向环状管网输水的进水管不应少于 3 条

E. 室外消防给水采用一路消防供水时，可布置成枝状

9. 下列关于室外消火栓的说法，不正确的有（　　）。

A. 室外消防给水引入管当设有倒流防止器，且火灾时因其水头损失导致室外消火栓不能满足规范相应要求时，应在该倒流防止器后设置一个室外消火栓

B. 每个室外消火栓的出流量宜按 10 L/s ~ 15 L/s 计算

C. 建筑室外消火栓的数量应根据室外消火栓设计流量和保护半径经计算确定，保护半径不应大于 150 m

D. 停车场的室外消火栓宜沿停车场周边设置，距加油站或油库不宜小于 7 m

E. 当工艺装置区采用高压或临时高压消防给水系统的场所，其周围应设置室外消火栓，且间距不应大于 120.0 m

10. 建筑物室外宜采用低压消防给水系统，当采用市政给水管网供水时，应采用两路消防供水，下列建筑可以采用一路消防供水的是（　　）。

A. 建筑高度为 55 m 的住宅建筑

B. 建筑高度为 49 m 的住宅建筑

C. 建筑高度为 50 m 的住宅，室外消火栓设计流量 25 L/s

D. 建筑高度为 45 m 的住宅，室外消火栓设计流量 15 L/s

E. 室外消火栓设计流量 10 L/s 的建筑

11. 下列场所可不设置消防水泵接合器的是（　　）。

A. 每层建筑面积 500 m^2 的 5 层旅馆，建筑高度为 12 m

B. 建筑高度 25 m 的 5 层的电子厂房

C. 建筑高度 20 m 的 5 层办公楼，每层建筑面积 600 m^2
D. 总建筑面积为 12 000 m^2 的地下 2 层商场
E. 室内消火栓设计流量大于 10 L/s 平战结合的人防工程

12. 某建筑高度为 53 m 的商场，地上 10 层。采用临时消防给水系统，设有高位消防水箱、自动喷水灭火系统。关于该建筑的消防给水，下列说法正确的是（　　）。
A. 该建筑高位消防水箱有效容积不应小于 18 m^3
B. 最不利消火栓的静水压力为 0.07 MPa
C. 高位消防水箱出水管位于高位消防水箱最低水位以下，并设置了防止消防用水进入高位消防水箱的止回阀
D. 柴油机消防水泵采用压缩式点火型柴油机
E. 室内消火栓给水管网与自动喷水灭火系统的管网合用消防泵，要满足供水管路沿水流方向在报警阀后分开设置

13. 分区供水形式应根据系统压力、建筑特征，经技术经济和安全可靠性等综合因素确定，当系统工作压力大于 2.4 MPa 时，应采用（　　）分区供水形式。
A. 消防水泵转输水箱串联
B. 消防水泵直接串联
C. 消防水泵并行
D. 减压水箱
E. 减压阀

14. 下列选项中（　　）应设置室外消火栓系统。
A. 某 8 层金融大楼，耐火等级为二级，层高为 3.5 m，每层建筑面积为 1 100 m^2
B. 某 3 层锅炉房，耐火等级为三级，层高为 5 m，每层建筑面积为 550 m^2
C. 某 2 层家具厂，耐火等级为三级，层高为 4.2 m，每层建筑面积为 1 200 m^2
D. 某 2 层石棉加工车间，耐火等级为二级，层高为 5 m，每层建筑面积为 300 m^2
E. 某 4 层电动车库，耐火等级为一级，层高为 4 m，每层建筑面积为 300 m^2

15. 关于稳压泵的说法，下列不正确的有（　　）。
A. 当高位消防水箱最低有效水位不能满足使水灭火设施最不利点外的

静水压力大于 0.15 MPa 的要求时应设稳压泵

B. 稳压泵的设计流量应小于消防给水系统管网的正常泄漏量和系统自动启动流量

C. 稳压泵的设计压力应满足系统自动启动和管网充满水的要求，其设计压力应保持系统最不利点处水灭火设施在准工作状态时的静水压力应大于 0.15 MPa

D. 当采用气压水罐时，基调节容积应根据稳压泵启泵次数不大于 15 次/h 计算确定，但有效储水容积不宜小于 300 L

E. 稳压泵应设置备用泵

16. 下列建筑中应设置消防软管卷盘或轻便消防水龙的有（　　）。

A. 住宅建筑首层的商业服务网点，建筑面积 260 m^2

B. 综合办公楼，地上 30 层，层高 4 m

C. 建筑高度 62 m 的办公楼，每层建筑面积 3 200 m^2

D. 24 m 的医院门诊楼，每层建筑面积 1 200 m^2

E. 建筑高度为 25 m 的住宅建筑，每层建筑面积 530 m^2

17. 某建筑高度 23.8m 的 4 层商业建筑，对其进行室内消火栓的配置和设计中，正确的有（　　）。

A. 选用 DN65 的室内消火栓

B. 消火栓栓口动压大于 0.5 MPa

C. 消火栓栓口动压不小于 0.25 MPa

D. 配置直径 65 mm、长 30 mm 的消防水带

E. 水枪充实水柱不小于 10 m

18. 下列（　　）场所消火栓栓口动压不应小于 0.35 MPa。

A. 建设高度为 23 m 且室内净空高度为 3.5 m 的办公楼

B. 单层丙类厂房

C. 多层丁类库房

D. 室内净空高度为 6 m 的综合楼

E. 高层厂房

19. 关于室外消火栓的说法，下列错误的有（　　）。

A. 室外消防给水引入管当设有倒流防止器，且火灾时因其水头损失导致室外消火栓不能满足规范相应要求时，应在该倒流防止器后设置一个室外消火栓

B. 每个室外消火栓的出流量宜按 10 L/s ~ 15 L/s 计算

C. 建筑室外消火栓的数量应根据室外消火栓设计流量和保护半径经计

算确定，保护半径不应大于 150 m

D. 停车场的室外消火栓宜沿停车场周边设置，距加油站或油库不宜小于 7 m

E. 当工艺装置区采用高压或临时高压消防给水系统的场所，其周围应设置室外消火栓，且间距不应大于 120.0 m

模块四

自动喷水灭火系统

项目一　系统概述

1. 自动喷水灭火系统根据所使用喷头的形式可分为（　　）自动喷水灭火系统。

A. 闭式和开式

B. 干式和湿式

C. 闭式和半开式

D. 干式和预作用

2. 下列关于喷水灭火系统的说法不正确的是（　　）。

A. 自动喷水灭火系统由洒水喷头、报警阀组、水流报警装置（水流指示器或压力开关）等组件，以及管道、供水设施等组成，是能在发生火灾时喷水的自动灭火系统

B. 闭式系统是采用闭式洒水喷头的自动喷水灭火系统

C. 干式系统是准工作状态时配水管道内充满用于启动系统的有压气体的闭式系统

D. 预作用系统是准工作状态时配水管道内不充水，发生火灾时由火灾自动报警系统、充气管道上的压力开关联锁控制预作用装置和启动消防水泵，向配水管道供水的开式系统

3. 发生火灾时，湿式喷水灭火系统是由（　　）探测火灾。

A. 火灾探测器

B. 水流指示器

C. 闭式喷头

D. 压力开关

4.（　　）适用于在环境温度不低于 4℃且不高于 70℃的环境中使用。

A. 湿式系统

B. 干式系统

C. 预作用系统

D. 雨淋系统

5. 下列属于闭式系统的是（　　）。
A. 水幕系统
B. 雨淋系统
C. 干式系统
D. 开式水喷雾灭火系统

6. 在干式系统中，具有起火区域确定作用的是（　　）。
A. 信号阀
B. 水流指示器
C. 压力开关
D. 闭式喷头

7. 干式系统适用温度范围为（　　）。
A. 4℃至 70℃
B. 不低于 5℃且不高于 75℃
C. 4℃至 75℃
D. 低于 4℃或高于 70℃

8. 干式灭火系统不具备的组件是（　　）。
A. 闭式喷头
B. 干式报警阀组
C. 水流指示器
D. 延迟器

9. 严禁系统误喷的忌水场所应采用（　　）。
A. 湿式系统
B. 预作用系统
C. 干式系统
D. 自动喷水-泡沫联用系统

10. 发生火灾时，雨淋系统的雨淋阀由（　　）发出信号开启。
A. 闭式喷头
B. 开式喷头
C. 水流指示器
D. 火灾报警控制器

11. 不适用于雨淋系统的组件是（　　）。

A. 开式喷头

B. 雨淋报警阀组

C. 水流指示器

D. 压力开关

12. 雨淋系统主要适用的场所不包括（　　）。

A. 需大面积喷水、快速扑灭火灾的特别危险场

B. 火灾水平蔓延快、室内净空高的场所

C. 准工作状态时严禁误喷的场所

D. 严重危险级Ⅱ级的场所

13. 下列系统不具备直接灭火的能力，而是用于防火分隔和冷却保护分隔物的是（　　）。

A. 湿式系统

B. 干式系统

C. 防护冷却系统

D. 防火分隔水幕

14. 水幕系统采用的报警阀组类型为（　　）。

A. 湿式报警阀组

B. 干式报警阀组

C. 预作用报警阀组

D. 雨淋报警阀组

15.（　　）应设独立的报警阀组或感温雨淋报警阀。

A. 闭式系统

B. 湿式系统

C. 水幕系统

D. 预作用系统

16. 防火分隔水幕和防护冷却水幕的喷头工作压力为（　　）MPa。

A. 0.05

B. 0.10

C. 0.15

D. 0.50

17. 下列属于开式灭火系统的是（　　）。

A. 湿式系统
B. 预作用系统
C. 防护冷却系统
D. 防火分隔水幕系统

18. 露天场所宜采用（　　）。
A. 湿式系统
B. 干式系统
C. 防护冷却系统
D. 防火分隔水幕系统

19. 下列系统准工作状态下管道内充满有压水的是（　　）。
A. 干式系统
B. 防护冷却系统
C. 预作用系统
D. 重复启闭预作用系统

20. 响应时间指数 RTI≤50（m · s）$^{0.5}$ 的闭式洒水喷头是（　　）喷头。
A. 标准响应
B. 快速响应
C. 早期抑制快速响应
D. 特殊响应

21. 特殊响应洒水喷头的响应时间指数为（　　）。
A. RTI≤50（m · s）$^{0.5}$
B. 50（m · s）$^{0.5}$<RTI≤80（m · s）$^{0.5}$
C. 80（m · s）$^{0.5}$<RTI≤350（m · s）$^{0.5}$
D. RTI≤28（m · s）$^{0.5}$±8（m · s）$^{0.5}$

22. 标准响应洒水喷头的响应时间指数为（　　）。
A. RTI≤50（m · s）$^{0.5}$
B. 50（m · s）$^{0.5}$<RTI≤80（m · s）$^{0.5}$
C. 80（m · s）$^{0.5}$<RTI≤350（m · s）$^{0.5}$
D. RTI≤28（m · s）$^{0.5}$±8（m · s）$^{0.5}$

23. 标准覆盖面积洒水喷头的流量系数 K≥80，一只喷头的最大保护面积不超过（　　）m^2 的直立型、下垂型洒水喷头及一只喷头的最大保护面积不超过（　　）m^2 的边墙型洒水喷头。

A. 20、15

B. 20、16

C. 20、18

D. 15、20

24. 轻危险级场所采用直立型、下垂型标准覆盖面积洒水喷头，一只喷头的最大保护面积为（　　）m^2。

A. 20.0

B. 12.5

C. 11.5

D. 9.0

25. 扩大覆盖面积洒水喷头的流量系数 $K \geqslant 80$，一只喷头的最大保护面积大于标准覆盖面积洒水喷头的保护面积，且不超过（　　）m^2 的洒水喷头，包括直立型、下垂型和边墙型扩大覆盖面积洒水喷头。

A. 36

B. 30

C. 20

D. 18

26. 标准流量洒水喷头的流量系数（　　）。

A. $K > 80$

B. $K = 80$

C. $K \geqslant 161$

D. $K < 80$

27. 响应时间指数 RTI≤（28±8）$(m \cdot s)^{0.5}$ 的喷头为（　　）。

A. 快速响应洒水喷头

B. 特殊响应洒水喷头

C. 标准响应洒水喷头

D. 早期抑制快速响应喷头

28. 早期抑制快速响应喷头的流量系数为（　　）。

A. $K \geqslant 80$

B. $K = 161$

C. $K \geqslant 161$

D. $K \leqslant 161$

29. 具有较大水滴粒径，在通过标准试验验证后，可用于民用建筑和厂房高大空间场所以及仓库的标准覆盖面积洒水喷头为（　　）。

A. 扩大覆盖面积洒水喷头

B. 标准流量洒水喷头

C. 早期抑制快速响应喷头

D. 特殊应用喷头

30. 采用闭式系统且设置仓库型特殊应用喷头的仓库，最大净空高度为（　　）m。

A. 8

B. 9

C. 10

D. 12

31. 每个防火分区、楼层均应设直径为（　　）mm 的试水阀。

A. 15

B. 20

C. 25

D. 65

32. 自动喷水灭火系统适用的场所不包括（　　）。

A. 火灾危险性较大的场所

B. 人员密集、不易疏散的场所

C. 遇水发生爆炸或加速燃烧的物品储存场所

D. 外部增援灭火与救生较困难的性质重要的场所

33. 自动喷水灭火系统等自动水灭火系统应根据喷头灭火需求压力确定，但最小不应小于（　　）MPa。

A. 0.07

B. 0.10

C. 0.15

D. 0.50

34. 室内采用自动喷水灭火系统局部应用系统和仅设有消防软管卷盘或轻便水龙的室内消防给水系统时，其消防给水系统布置为（　　）。

A. 不应与生产生活给水系统合用

B. 按自动喷水灭火系统局部应用系统所需水量布置

C. 按消防软管卷盘或轻便水龙的室内消防给水系统所需水量布置

D. 可与生产生活给水系统合用

35. 一类高层公共建筑高位消防水箱的最低有效水位应满足水灭火设施最不利点处的静水压力不应低于（　　）MPa。

A. 0.07

B. 0.10

C. 0.12

D. 0.15

36. 设置临时高压消防给水系统的汽车库、修车库，应设置屋顶消防水箱，其容量不应小于（　　）m^3。

A. 6

B. 8

C. 12

D. 18

37. 自动喷水灭火系统等自动水灭火系统末端试水装置处的排水立管管径，应根据末端试水装置的泄流量确定，并不宜小于（　　）。

A. DN25

B. DN65

C. DN20

D. DN75

38. 两座及以上建筑合用消防给水系统时，一起火灾灭火所需消防用水的设计流量应（　　）。

A. 按同一时间内的火灾起数所需室外消防用水量确定

B. 按需要同时作用的各种水灭火系统最大设计流量之和确定

C. 按其中一座设计流量最大者确定

D. 按一起火灾灭火所需室外消防用水量确定

39. 自喷系统应设消防水泵接合器，其数量应按系统的设计流量确定，每个消防水泵接合器的流量宜按（　　）L/s 计算。

A. 3 ~ 5

B. 5 ~ 10

C. 10 ~ 15

D. 15 ~ 40

40. 当自动喷水灭火系统中设有（　　）个及以上报警阀组时，（　　）

应设环状供水管道。

A. 2，报警阀组后

B. 3，报警阀组后

C. 3，报警阀组前

D. 2，报警阀组前

41. 下列关于自动喷水灭火系统的设计流量说法不正确的是（　　）。

A. 设置货架内置洒水喷头的仓库，顶板下洒水喷头与货架内置洒水喷头应分别计算设计流量，并应按其设计流量之和确定系统的设计流量

B. 建筑内设有不同类型的系统或有不同危险等级的场所时，系统的设计流量应按其设计流量的最大值确定

C. 当建筑物内同时设有自动喷水灭火系统和水幕系统时，系统的设计流量应按同时启用的自动喷水灭火系统和水幕系统的用水量计算，并应按二者中的最大值确定

D. 多个雨淋报警阀并联的雨淋系统，系统设计流量应按同时启用雨淋报警阀的流量之和的最大值确定

项目二　系统组成与工作原理

1. 湿式自动喷水灭火系统由（　　）组成。

A. 闭式喷头、管道、湿式报警阀组、水流指示器和供水设施

B. 开式喷头、管道、湿式报警阀组、水流指示器和供水设施

C. 闭式喷头、管道、湿式报警阀、火灾自动报警系统和供水设施

D. 开式喷头、管道、湿式报警阀、火灾自动报警系统和供水设施

2. 下列不属于湿式系统组件的是（　　）。

A. 开式喷头

B. 湿式报警阀组

C. 水流指示器

D. 压力开关

3. 民用建筑和厂房采用湿式系统时，系统最不利点处洒水喷头的工作压力（　　）。

A. 0.03 MPa

B. 0.04 MPa

C. 0.50 MPa

D. 0.05 MPa

4. 干式喷水灭火系统由（　　）组成。

A. 闭式喷头、管道、干式报警阀组、压力开关、充气设备、供水设施

B. 开式喷头、管道、干式报警阀组、压力开关、充气设备、供水设施

C. 闭式喷头、管道、干式报警阀组、供水设施

D. 开式喷头、管道、干式报警阀组、供水设施

5. 在准工作状态下，配水管道内不充水，由火灾报警系统自动开启雨淋阀后，转换为湿式系统的灭火系统为（　　）灭火系统。

A. 湿式自动喷水

B. 干式自动喷水

C. 预作用自动喷水

D. 雨淋

6. 预作用喷水灭火系统由（　　）组成。

A. 闭式喷头、管道系统、预作用报警阀组、火灾探测器、报警控制组件和供水设施

B. 开式喷头、管道系统、预作用报警阀组、火灾探测器、报警控制组件和供水设地

C. 闭式喷头、管道系统、预作用报警阀组、火灾探测器、报警控制装置、充气设备和供水设施

D. 闭式喷头、管道系统、湿式报警阀组、充排气设备、报警控制组件和供水设施

7. 下列系统中不具有充气设备的是（　　）。

A. 干式系统

B. 雨淋系统

C. 预作用系统

D. 重复启闭预作用系统

8. 下列不属于雨淋系统控制方式的是（　　）。

A. 电动控制

B. 液动控制

C. 手/自交替控制

D. 气动控制

项目三　系统设计主要参数

1. 建筑高度为（　　）m 及以下的旅馆、办公楼设置自动喷水灭火系统火灾危险等级为轻危险级。

A. 20

B. 24

C. 27

D. 33

2. 轻危险级场所设有自动喷水灭火系统保护，系统安装了边墙型标准覆盖面积洒水喷头，该系统配水支管上喷头的最大间距为（　　）m，两排相对喷头的最大保护跨度为（　　）m。

A. 3.0，6.0

B. 3.6，7.2

C. 3.0，7.2

D. 3.6，6.0

3. 住宅建筑的火灾危险等级属于（　　）。

A. 轻危险级

B. 中危险级

C. 严重危险级

D. 重大危险级

4. 火灾危险等级为（　　）的场所，应采用雨淋系统。

A. 轻危险级

B. 中危险级Ⅰ级

C. 中危险级Ⅱ级

D. 严重危险级Ⅱ级

5. 总建筑面积小于 5 000 m^2 的商场设置自动喷水灭火系统火灾危险等级为（　　）。

A. 中危Ⅰ级

B. 中危Ⅱ级

C. 严重危险级Ⅰ级

D. 严重危险级Ⅱ级

6. 冷藏库设置自动喷水灭火系统火灾危险等级为（　　）。

A. 仓库危险级Ⅰ级
B. 中危Ⅰ级
C. 严重危险级Ⅰ级
D. 仓库危险级Ⅱ级

7. 总建筑面积 1 000 m^2 及以上的地下商场设置自动喷水灭火系统火灾危险等级为（　　）。
A. 中危Ⅰ级
B. 中危Ⅱ级
C. 严重危险级Ⅰ级
D. 严重危险级Ⅱ级

8. 书库、舞台设置自动喷水灭火系统火灾危险等级为（　　）。
A. 中危Ⅰ级
B. 中危Ⅱ级
C. 严重危险级Ⅰ级
D. 严重危险级Ⅱ级

9. 啤酒厂房设置自动喷水灭火系统火灾危险等级为（　　）。
A. 中危Ⅰ级
B. 中危Ⅱ级
C. 严重危险级Ⅰ级
D. 严重危险级Ⅱ级

10. 洁净厂房设置自动喷水灭火系统火灾危险等级为（　　）。
A. 中危Ⅰ级
B. 中危Ⅱ级
C. 严重危险级Ⅰ级
D. 严重危险级Ⅱ级

11. 国家文物保护单位设置自动喷水灭火系统火灾危险等级为(　　)。
A. 中危Ⅰ级
B. 中危Ⅱ级
C. 严重危险级Ⅰ级
D. 严重危险级Ⅱ级

12. 自动喷水灭火系统设置场所的危险等级应根据建筑规模、高度以及火灾危险性、火灾荷载和保护对象的特点等确定。下列建筑中，自动喷水灭火系统设置场所的火灾危险等级为中危险级 I 级的是（　　）。

A. 建筑高度为 50 m 的办公楼

B. 建筑高度为 23 m 的四星级旅馆

C. 2 000 个座位剧场的舞台（葡萄架除外）

D. 总建筑面积 5 600 m^2 的商场

13. 民用建筑中采用自动喷水灭火局部应用系统时，室内最大净空高度不应超过（　　）m。

A. 6

B. 7

C. 8

D. 9

14. 民用建筑中采用自动喷水灭火局部应用系统时，保护区域总建筑面积不超过（　　）m^2。

A. 500

B. 800

C. 1 000

D. 2 000

15. 中危险级 I 级场所设有自动喷水灭火系统保护，系统安装了边墙型标准覆盖面积洒水喷头，该系统配水支管上喷头的最大间距为（　　）m，两排相对喷头的最大保护跨度为（　　）m。

A. 3.0，6.0

B. 3.6，7.2

C. 3.0，7.2

D. 3.6，6.0

16. 中危险级 I 级场所设有自动喷水灭火系统保护，系统安装了直立型、下垂型扩大覆盖面积洒水喷头，一只喷头的最大保护面积为（　　）m^2。

A. 29.0

B. 20.0

C. 23.0

D. 17.5

17. 中危险级 II 级场所设有自动喷水灭火系统保护，系统安装了直立型、下垂型扩大覆盖面积洒水喷头，一只喷头的最大保护面积为（　　）m^2。

A. 29.0

B. 20.0

C. 23.0

D. 17.5

18. 某一地下车库处在环境温度低于 4℃的地区，采用干式自动喷水灭火系统保护。系统的设计参数按照火灾危险等级的中危险级 II 级确定，其作用面积不应小于（　　）m^2。

A. 208

B. 160

C. 180

D. 260

19. 净空高度不超过 8 m、物品高度超过（　　）m 的超级市场设置自动喷水灭火系统火灾危险等级为严重危险级 I 级。

A. 3.0

B. 3.5

C. 5.0

D. 8.0

20. 摄影棚、舞台葡萄架下部设置自动喷水灭火系统火灾危险等级为（　　）。

A. 中危 I 级

B. 中危 II 级

C. 严重危险级 I 级

D. 严重危险级 II 级

21. 演播室设置自动喷水灭火系统火灾危险等级为（　　）。

A. 中危 I 级

B. 中危 II 级

C. 严重危险级 I 级

D. 严重危险级 II 级

22. 下列民用建筑和厂房最大净空高度不大于 8 m，采用湿式系统时，系统作用面积为 260 m^2 的是（　　）。

A. 老年人建筑

B. 火车站候车厅

C. 舞台葡萄架下部

D. 造纸厂的车间

23. 严重危险级场所设有自动喷水灭火系统保护，系统安装了直立型、下垂型扩大覆盖面积洒水喷头，一只喷头的最大保护面积为（　　）m^2。

A. 20.0

B. 13.0

C. 12.5

D. 9.0

24. 某电视台的摄影棚设置雨淋自动喷水灭火系统全保护，摄影棚的面积为 530 m^2，则该系统至少需要（　　）台雨淋报警阀组。

A. 2

B. 3

C. 1

D. 4

25. 下列场所的火灾危险等级属于仓库危险级 I 级的是（　　）。

A. 储存烟酒的仓库

B. 冷藏库

C. 木材仓库

D. 摄影棚

26. 最大净空高度超过（　　）采用湿式系统的设计基本参数应按仓库及类似场所规定执行。

A. 6 m 的超级市场

B. 8 m 的超级市场

C. 6 m 的商场

D. 8 m 的商场

27. 建筑物中保护局部场所的干式系统、预作用系统、雨淋系统、自动喷水-泡沫联用系统，可串联接入同一建筑物内的（　　），并应与其（　　）连接。

A. 雨淋系统，配水干管

B. 湿式系统，配水干管

C. 雨淋系统，配水支管

D. 湿式系统，配水支管

28. 最大净空高度不超过（　　）m 且最大储物高度不超过（　　）m，储物类别为仓库危险级 Ⅰ 、Ⅱ级或沥青制品、箱装不发泡塑料的仓库及类似场所宜采用设置早期抑制快速响应喷头的自动喷水灭火系统。

A. 13.5，12

B. 12.0，10.5

C. 7.5，6.0

D. 13.0，10.5

29. 货架仓库的最大净空高度超过（　　）m、最大储物高度超过（　　）m，应设货架内置洒水喷头，且货架内置洒水喷头上方的层间隔板应为实层板。

A. 12，10

B. 10，12

C. 12，10.5

D. 13.5，12

30. 采用闭式系统且设置早期抑制快速响应喷头仓库，最大净空高度为（　　）m。

A. 9

B. 10

C. 12

D. 13.5

31. 某烟酒仓库货架高 12 m。因货架高度超过了相关规定，故在货架内设置了洒水喷头，则关于喷头的设置应该符合以下（　　）。

A. 该仓库从地面起每隔 4 m 在货架内设置洒水喷头

B. 最高层货架内置的洒水喷头与储物顶部的距离为 4 m

C. 洒水喷头采用了流量系数为 80 的标准覆盖面积洒水喷头，工作压力为 0.15 MPa

D. 洒水喷头采用了流量系数为 115 的标准覆盖面积洒水喷头，工作压力为 0.1 MPa

32. 最大净空高度不超过（　　）m 且最大储物高度不超过（　　）m，储物类别为袋装不发泡塑料、箱装发泡塑料和袋装发泡塑料的仓库及类似场所宜采用设置早期抑制快速响应喷头的自动喷水灭火系统。

A. 13.5，12

B. 12.0，10.5

C. 7.5，6.0

D. 12.5，10.0

33. 最大净空高度不超过（　　）m 且最大储物高度不超过（　　）m，

储物类别为袋装不发泡塑料和箱装发泡塑料的仓库及类似场所宜采用设置仓库型特殊应用喷头的自动喷水灭火系统。

A. 13.5，12

B. 12.0，10.5

C. 7.5，6.0

D. 12.5，10.0

34. 防护冷却水幕应直接将水喷向被保护对象；防火分隔水幕不宜用于尺寸超过（　　）的开口（舞台口除外）。

A. 15 m（宽）×8 m（高）

B. 8 m（宽）×15 m（高）

C. 6 m（宽）×4 m（高）

D. 4 m（宽）×6 m（高）

35. 仅在走道设置洒水喷头的闭式系统，其作用面积应按（　　）确定。

A. 最小疏散距离所对应的走道面积

B. 最大疏散距离所对应的走道面积

C. 整条走道的面积

D. 平均疏散距离所对应的走道面积

36. 民用建筑和工业建筑中，干式自动喷水系统的作用面积应按规范规定的（　　）倍确定。

A. 0.3

B. 1.2

C. 1.3

D. 1.5

37. 当预作用系统采用由火灾自动报警系统和充气管道上设置的压力开关控制预作用装置时，系统的作用面积应按自喷规范规定值的（　　）倍确定。

A. 1.1

B. 1.2

C. 1.3

D. 1.5

38. 民用建筑和工业厂房中，装设网格、栅板类通透性吊顶的场所，系统的喷水强度应按自喷规范规定值的（　　）倍确定。

A. 0.8

B. 1.0

C. 1.2

D. 1.3

39. 利用有压气体检测管道是否严密的预作用系统，配水管道内的气压值为（　　）MPa。

A. 0.02 ~ 0.03

B. 0.03 ~ 0.04

C. 0.03 ~ 0.05

D. 0.05 ~ 0.07

40. 净空高度为 3.5m 的住宅建筑，采用湿式系统时，喷水强度不低于（　　）L/（min • m^2）。

A. 4

B. 6

C. 8

D. 12

41. 某商场，地上建筑面积为 4 500 m^2，地下建筑面积为 800 m^2，室内净空高度最大为 6.5 m，按要求设置了湿式自动喷水灭火系统，其喷水强度不低于（　　）L/（min • m^2）。

A. 4

B. 6

C. 8

D. 12

42. 最大净空高度为 7.5 m 的木结构古建筑，采用湿式自动喷水灭火系统时，其喷水强度不低于（　　）L/（min • m^2）。

A. 6

B. 8

C. 12

D. 16

43. 最大净空高度为 4.5 m 的酒精制品厂房，若采用湿式系统时，喷水强度不低于（　　）L/（min • m^2）。

A. 6

B. 8

C. 12

D. 16

44. 某小剧院摄影棚，最大净空高度为 6 m，若采用湿式系统时，喷水强度不低于（　　）L/（min·m^2）。

A. 6

B. 8

C. 12

D. 16

45. 某中庭，最大净空高度为 10 m，采用湿式系统时，喷水强度不低于（　　）L/（min·m^2）。

A. 12

B. 15

C. 20

D. 25

46. 某体育馆，最大净空高度为 15 m，采用湿式系统时，喷水强度不低于（　　）L/（min·m^2）。

A. 12

B. 15

C. 20

D. 25

47. 某影剧院，最大净空高度为 12 m，采用湿式系统时，喷水强度不低于（　　）L/（min·m^2）。

A. 12

B. 15

C. 20

D. 25

48. 某会展中心，最大净空高度为 18 m，采用湿式系统时，喷水强度不低于（　　）L/（min·m^2）。

A. 12

B. 15

C. 20

D. 25

49. 制衣制鞋、玩具、木器、电子生产车间等厂房，最大净空高度为

8 m < h≤12 m，采用湿式系统时，喷水强度不低于（　　）L/（min・m²）。

A. 12

B. 15

C. 20

D. 25

50. 棉纺厂、麻纺厂、泡沫塑料生产车间等厂房，最大净空高度为8 m < h≤12 m，采用湿式系统时，喷水强度不低于（　　）L/（min・m²）。

A. 8

B. 12

C. 15

D. 20

51. 当民用建筑高大空间场所的最大净空高度为（　　）时，应采用非仓库型特殊应用喷头。

A. 12 m < h≤18 m

B. 15 m < h≤20 m

C. 12 m < h≤15 m

D. 8 m < h≤12 m

52. 设置自喷的仓库及类似场所，货架储存应采用钢制货架，并应采用通透层板，且层板中通透部分的面积不应小于层板总面积的（　　）。

A. 50%

B. 60%

C. 70%

D. 80%

53. 装设网格、栅板类通透性吊顶的场所，当通透面积占吊顶总面积的比例大于（　　）时，喷头应设置在吊顶上方。

A. 50%

B. 70%

C. 30%

D. 10%

54. 装设网格、栅板类通透性吊顶的场所，装设网格、栅板类通透性吊顶的场所时，通透性吊顶开口部位的净宽度不应小于（　　）mm，且开口部位的厚度不应大于开口的最小宽度。

A. 9

B. 10

C. 12

D. 15

55. 设置通透性吊顶的轻危险级、中危险级 I 级场所，喷头间距为 $3.0\ m < S \leqslant 3.6\ m$ 时，喷头溅水盘与吊顶上表面的最小距离为（　　）mm。

A. 450

B. 500

C. 600

D. 900

56. 设置通透性吊顶的中危险级Ⅱ级场所，喷头间距 S 为：$S > 3.0\ m$ 时，喷头溅水盘与吊顶上表面的最小距离为（　　）mm。

A. 450

B. 500

C. 600

D. 900

57. 某地下车库，设置的自动喷水灭火系统采用直立型喷头。下列关于喷头溅水盘与车库顶板的垂直距离的说法，符合规范规定的有（　　）。

A. 喷头无障碍物遮挡时，不应小于 25 mm，不应大于 150 mm

B. 喷头有障碍物意挡时，不应大于 850 mm

C. 喷头无障碍物遮挡时，不应小于 75 mm，不应大于 150 mm

D. 喷头有障碍物遮挡时，不应大于 650 mm

58. 仓库危险级Ⅰ级、Ⅱ级场所应在自地面起每（　　）m 设置一层货架内置洒水喷头。

A. 1.5

B. 2.0

C. 2.5

D. 3.0

59. 仓库危险级Ⅲ级场所应在自地面起每（　　）m 设置一层货架内置洒水喷头，且最高层货架内置洒水喷头与储物顶部的距离不应超过 3.0 m。

A. 1.0 ~ 1.5

B. 1.5 ~ 2.0

C. 1.5 ~ 3.0

D. 2.0 ~ 3.0

60. 货架内置洒水喷头间距为（　　）m。

A. 1.0 ~ 1.5

B. 1.5 ~ 2.0

C. 1.5 ~ 3.0

D. 2.0 ~ 3.0

61. 严重危险级或仓库危险级场所宜采用流量系数大于（　　）的洒水喷头。

A. 80

B. 151

C. 161

D. 120

62. 货架内置洒水喷头时，当采用流量系数等于 80 的标准覆盖面积洒水喷头时，工作压力不应小于（　　）MPa。

A. 0.15

B. 0.20

C. 0.25

D. 0.50

63. 货架内置洒水喷头时，当采用流量系数等于 115 的标准覆盖面积洒水喷头时，工作压力不应小于（　　）MPa。

A. 0.10

B. 0.15

C. 0.20

D. 0.25

64. 货架内洒水喷头的间距，下列选项中正确的是（　　）。

A. 1 m

B. 1.5 m

C. 2.5 m

D. 3.5 m

65. 某单层公共建筑面积为 3 000 m^2，设有预作用自动喷水灭火系统保护，系统的设计参数按照火灾危险等级的中危险级 I 级考虑，建筑内安装直立型标准覆盖面积洒水喷头，则该场所内至少应安装（　　）只喷头。

A. 186

B. 240

C. 261

D. 304

66. 设置（　　）层及以上货架内置洒水喷头时，洒水喷头应交错布置。

A. 2

B. 4

C. 3

D. 5

67. 局部应用系统应采用快速响应洒水喷头，持续喷水时间不应低于（　　）h。

A. 0.25

B. 0.5

C. 1.0

D. 1.5

68. 直立型、下垂型扩大覆盖面积洒水喷头应采用正方形布置，其布置间距不应大于规范的规定，且不应小于（　　）m。

A. 1.2

B. 1.5

C. 2.4

D. 1.8

69. 某综合楼，地上 8 层，层高 4.2 m，每层建筑面积为 2 200 m^2，建筑内设置湿式自动喷水灭火系统保护，系统采用下垂型扩大覆盖面积洒水喷头，则该建筑至少应设置（　　）台湿式报警阀组。

A. 1

B. 2

C. 3

D. 4

70. 某商业建筑，设置了预作用自动喷水灭火系统，共设计有 3 000 个喷头保护吊顶下方空间。该建筑自动喷水灭火系统报警阀组的设置数量不应少于（　　）个。

A. 2

B. 3

C. 4

D. 5

71. 下列场所可以设置局部应用自动喷水灭火系统的是（　　）。
A. 某地下商场，建筑面积 600 m^2，室内净空高度为 9 m
B. 某单层小型家用电器厂，建筑面积 800 m^2，室内净空高度为 6 m
C. 某建筑面积为 600 m^2 的档案馆，室内净空高度为 5 m
D. 某地上 3 层书库，每层建筑面积 2 000 m^2，室内净空高度为 4 m

72. 防护冷却系统，喷头设置高度不应超过（　　）m。
A. 4
B. 6
C. 7
D. 8

73. 当防护冷却系统喷头设置高度为 4 m ~ 8 m 时，应采用（　　）。
A. 早期抑制快速响应洒水喷头
B. 快速响应洒水喷头
C. 标准覆盖面积洒水喷头
D. 标准流量洒水喷头

74. 防护冷却系统，喷头设置高度不应超过 4 m 时，喷水强度不应小于（　　）L/（s · m）。
A. 0.5
B. 0.9
C. 1.0
D. 2.0

75. 防护冷却系统，喷头的设置应确保喷洒到被保护对象后布水均匀，喷头间距应为（　　）m。
A. 1.0 ~ 1.5
B. 1.5 ~ 3.0
C. 1.8 ~ 2.4
D. 2.0 ~ 3.0

76. 防护冷却系统，喷头溅水盘与防火分隔设施的水平距离不应大于（　　）m。
A. 0.2
B. 0.3

C. 0.5

D. 0.6

77. 挡水板应为（　　）或圆形金属板，其平面面积不宜小于（　　）m^2，周围弯边的下沿宜与洒水喷头的溅水盘平齐。

A. 长方形，1.2

B. 正方形，1.2

C. 正方形，0.12

D. 长方形，0.12

78. 防火分隔水幕的喷水点高度为 10 m，该系统喷水强度为（　　）L/（s・m）。

A. 0.5

B. 0.9

C. 1.0

D. 2.0

79. 防护冷却水幕的喷水点高度为 10 m，该系统喷水强度为（　　）L/（s・m）。

A. 0.5

B. 0.9

C. 1.0

D. 2.0

80. 防护冷却水幕的喷水点高度为 4 m，该系统喷水强度为（　　）L/（s・m）。

A. 0.5

B. 0.9

C. 1.0

D. 2.0

81. 除另有规定外，自喷持续喷水时间应按火灾延续时间不小于（　　）h 确定。

A. 0.5

B. 3.0

C. 1.0

D. 2.0

项目四　系统主要组件及其设置要求

1. 自动喷水灭火系统为控制因建筑高差较大造成的超压，通常采用分区供水或者在系统相应管段上安装（　　），以控制管道静压。

A. 泄水阀

B. 减压孔板

C. 节流管

D. 减压阀

2. 节流管内水的平均流速不应大于（　　）m/s。

A. 10

B. 15

C. 20

D. 30

3. 干式系统和预作用系统的配水管道应设（　　）。

A. 快速排气阀

B. 泄水阀

C. 排污口

D. 手动排气阀

4. 闭式系统的洒水喷头，其公称动作温度宜高于环境最高温度（　　）℃。

A. 10

B. 15

C. 20

D. 30

5. 设置货架内置洒水喷头的仓库，当货架内置洒水喷头上方有孔洞、缝隙时，可在洒水喷头的上方设置（　　）。

A. 挡水板

B. 集热板

C. 探测器

D. 防护罩

6. 最大净空高度为 7.5 m，最大储物高度为 6.0 m 的箱装发泡塑料仓库及类似场所采用仓库型特殊应用喷头时，持续喷水时间不应低于（　　）h。

A. 0.5
B. 1.0
C. 1.5
D. 2.0

7. 不做吊顶的场所设置湿式系统，当配水支管布置在梁下时，应采用（　　）洒水喷头。
A. 下垂型
B. 直立型
C. 干式下垂型
D. 边墙型

8. 吊顶下布置的洒水喷头，应采用下垂型洒水喷头或（　　）洒水喷头。
A. 干式下垂型
B. 边墙型
C. 吊顶型
D. 隐蔽式

9. 顶板为水平面的轻危险级、中危险级Ⅰ级住宅建筑、宿舍、旅馆建筑客房、医疗建筑病房和办公室，可采用（　　）洒水喷头。
A. 干式下垂型
B. 边墙型
C. 吊顶型
D. 隐蔽式

10. 自动喷水防护冷却系统可采用（　　）洒水喷头。
A. 开式
B. 边墙型
C. 隐蔽型
D. 下垂型

11. 边墙型标准覆盖面积洒水喷头正前方（　　）m 范围内，边墙型扩大覆盖面积洒水喷头和边墙型家用喷头正前方（　　）m 范围内，顶板或吊顶下不应有阻挡喷水的障碍物。
A. 1.2，2.4
B. 2.4，1.2
C. 1.8，3.6

D. 3.6，1.5

12. 顶板为水平面，且无梁、通风管道等障碍物影响喷头洒水的场所，可采用（　　）。

A. 标准覆盖面积洒水喷头

B. 特殊响应洒水喷头

C. 标准响应洒水喷头

D. 扩大覆盖面积洒水喷头

13. 住宅建筑和宿舍、公寓等非住宅类居住建筑宜采用（　　）。

A. 下垂型

B. 边墙型

C. 家用喷头

D. 隐蔽式

14. 关于喷头选型下列说法错误的是（　　）。

A. 无吊顶的场所且配水支管布置在梁下，采用直立型洒水喷头

B. 某医院病房区采用了快速响应洒水喷头

C. 某综合型书库采用了隐蔽式洒水喷头

D. 某工厂的员工宿舍采用了家用喷头

15.（　　）系统应采用直立型和干式下垂型喷头。

A. 湿式

B. 干式

C. 预作用

D. 开式

16. 下列场所除（　　）外，宜采用快速响应洒水喷头。

A. 中庭环廊

B. 医院

C. 地下商场

D. 地下储藏区

17. 下列场所宜采用快速响应喷头的是（　　）。

A. 展览馆

B. 图书馆

C. 未超出水泵接合器供水高度的楼层

D. 老年人活动中心

18. 同一隔间内应采用相同（　　）的洒水喷头。

A. 热敏性能

B. 生产厂家

C. 批次

D. 流量系数

19.（　　）的防护区内应采用相同的洒水喷头。

A. 闭式系统

B. 湿式系统

C. 雨淋系统

D. 预作用系统

20. 自动喷水灭火系统应有备用洒水喷头，其数量不应少于总数的（　　），且每种型号均不得少于（　　）只。

A. 1%，5

B. 2%，10

C. 2%，5

D. 1%，10

21. 直立型、下垂型标准覆盖面积洒水喷头的布置间距不应大于规范的规定，且不应小于（　　）m。

A. 1.1

B. 1.3

C. 1.5

D. 1.8

22. 中危险级 II 级场所采用直立型、下垂型标准覆盖面积洒水喷头，一只喷头的最大保护面积为（　　）m^2。

A. 20.0

B. 12.5

C. 11.5

D. 9.0

23. 仓库危险级 II 级场所采用直立型、下垂型标准覆盖面积洒水喷头，一只喷头的最大保护面积为（　　）m^2。

A. 20.0

B. 12.5

C. 11.5

D. 9.0

24. 当梁、通风管道、成排布置的管道、桥架等障碍物的宽度大于（　　）m 时，其下方应增设喷头。

A. 0.6

B. 0.75

C. 1.0

D. 1.2

25. 用早期抑制快速响应喷头和特殊应用喷头的场所，当障碍物宽度大于（　　）m 时，其下方应增设喷头。

A. 0.6

B. 0.75

C. 1.0

D. 1.2

26. 民用建筑采用边墙型标准覆盖面积洒水喷头时，两排相对洒水喷头应（　　）布置。

A. 两端

B. 交错

C. 集中

D. 平行

27. 除吊顶型洒水喷头及吊顶下设置的洒水喷头外，直立型、下垂型标准覆盖面积洒水喷头和扩大覆盖面积洒水喷头溅水盘与顶板的距离应为（　　）mm。

A. 25 ~ 100

B. 75 ~ 100

C. 100 ~ 150

D. 75 ~ 150

28. 除吊顶型洒水喷头及吊顶下设置的洒水喷头外，当在梁或其他障碍物的下方布置喷头时，喷头与顶板之间的距离不得大于（　　）。

A. 100 mm

B. 150 mm

C. 200 mm

D. 300 mm

29. 当在梁间布置洒水喷头时，溅水盘与顶板的距离不应大于（ ）mm。

A. 300

B. 550

C. 650

D. 750

30. 除吊顶型洒水喷头及吊顶下设置的洒水喷头外，密肋梁板下方的洒水喷头，溅水盘与密肋梁板底面的垂直距离应为（ ）mm。

A. 25 ~ 100

B. 75 ~ 100

C. 100 ~ 150

D. 75 ~ 150

31. 货架内置洒水喷头宜与顶板下洒水喷头交错布置，其溅水盘与上方层板的距离应符合规范规定，与其下部储物顶面的垂直距离不应小于（ ）mm。

A. 75

B. 100

C. 150

D. 300

32. 除吊顶型洒水喷头及吊顶下设置的洒水喷头外，直立型早期抑制快速响应喷头溅水盘与顶板的距离为（ ）mm。

A. 25 ~ 100

B. 75 ~ 100

C. 75 ~ 150

D. 100 ~ 150

33. 除吊顶型洒水喷头及吊顶下设置的洒水喷头外，下垂型早期抑制快速响应喷头溅水盘与顶板的距离为（ ）mm。

A. 25 ~ 100

B. 150 ~ 200

C. 150 ~ 300

D. 150 ~ 360

34. 除吊顶型洒水喷头及吊顶下设置的洒水喷头外，特殊应用喷头溅水盘与顶板的距离为（　　）mm。

A. 25 ~ 100

B. 150 ~ 200

C. 150 ~ 300

D. 150 ~ 360

35. 除吊顶型洒水喷头及吊顶下设置的洒水喷头外，家用喷头溅水盘与顶板的距离为（　　）mm。

A. 25 ~ 100

B. 150 ~ 200

C. 150 ~ 300

D. 150 ~ 360

36. 图书馆、档案馆、商场、仓库中的通道上方宜设有喷头。喷头与被保护对象的水平距离不应小于（　　）m。

A. 0.15

B. 0.20

C. 0.25

D. 0.30

37. 图书馆、档案馆、商场、仓库中的通道上方宜设有喷头。当采用标准覆盖面积洒水喷头、扩大覆盖面积洒水喷头时，喷头溅水盘与保护对象的最小垂直距离不应小于（　　）mm。

A. 300

B. 450

C. 600

D. 900

38. 图书馆、档案馆、商场、仓库中的通道上方宜设有喷头。当采用特殊应用喷头、早期抑制快速响应喷头时，喷头溅水盘与保护对象的最小垂直距离不应小于（　　）mm。

A. 300

B. 450

C. 600

D. 900

39. 货架内的洒水喷头应（　　）布置。

A. 平行

B. 交错
C. 垂直
D. 对齐

40. 净空高度大于（　　）mm 的闷顶和技术夹层内应设置洒水喷头。
A. 500
B. 600
C. 800
D. 1 200

41. 下列情况时，应设置洒水喷头的是（　　）。
A. 闷顶内敷设的配电线路采用不燃材料套管保护
B. 闷顶内敷设的配电线路采用封闭式金属线槽保护
C. 风管保温材料等采用不燃材料制作
D. 风管保温材料等采用可燃材料制作

42. 防火分隔水幕的喷头布置，应保证水幕的宽度不小于（　　）m。
A. 6
B. 3
C. 2
D. 1

43. 防火分隔水幕系统采用水幕喷头时，喷头不应少于（　　）排；采用开式洒水喷头时，喷头不应少于（　　）排。
A. 2，3
B. 3，2
C. 4，3
D. 3，4

44. 防护冷却水幕的喷头宜布置成（　　）。
A. 6 排
B. 3 排
C. 单排
D. 2 排

45. 当水流指示器入口前设置控制阀时，应采用信号阀。信号阀距离水流指示器不小于（　　）mm。
A. 150

B. 200
C. 300
D. 500

46. 报警阀组宜设在安全及易于操作的地点，报警阀距地面的高度宜为（　　）m。
A. 0.7
B. 0.64
C. 1.1
D. 1.2

47. 水力警铃的工作压力不应小于（　　）MPa。
A. 0.05
B. 0.04
C. 0.03
D. 0.5

48. 与报警阀连接的管道，其管径应为（　　）mm，总长不宜大于（　　）m。
A. 15，20
B. 20，20
C. 20，15
D. 30，30

49. 每个报警阀组供水的最高与最低位置洒水喷头，其高程差不宜大于（　　）m。
A. 25
B. 30
C. 40
D. 50

50. 保护室内钢屋架等建筑构件的（　　），应设独立的报警阀组。
A. 闭式系统
B. 湿式系统
C. 雨淋系统
D. 预作用系统

51. 串联接入（　　）配水干管的其他自动喷水灭火系统，应分别设置独立的报警阀组，其控制的洒水喷头数（　　）湿式报警阀组控制的洒水喷头总数。

A. 湿式系统，不计入

B. 湿式系统，计入

C. 预作用系统，计入

D. 干式系统，不计入

52. 一个报警阀组控制的喷头数，对于湿式系统、预作用系统不宜超过（　　）只。

A. 500

B. 600

C. 800

D. 1 000

53. 一个报警阀组控制的喷头数，对于干式系统不宜超过（　　）只。

A. 500

B. 300

C. 800

D. 1 000

54. 当配水支管同时设置保护吊顶下方和上方空间的洒水喷头时，应只将（　　）的洒水喷头计入报警阀组控制的洒水喷头总数。

A. 吊顶上方

B. 数量较少一侧

C. 数量较多一侧

D. 吊顶下方

55. 某一类高层办公楼，共 16 层，建筑高度为 64 m。每层吊顶下设置喷头均为 40 个。则该建筑湿式自动喷水灭火系统报警阀组的设置数量不应少于（　　）个。

A. 1

B. 2

C. 3

D. 4

56. 某商业建筑采用预作用自动喷水灭火系统保护，配水支管同时设置保护吊顶下方和上方空间的洒水喷头，其中吊顶上方共有喷头 1 500 只，吊顶下方共有喷头 780 只，则该建筑自动喷水灭火系统报警阀组的设置数量不应少于（　　）个。

A. 2

B. 3

C. 4

D. 6

57. 雨淋报警阀组的电磁阀，其入口应设（　　）。

A. 压力开关

B. 单向阀

C. 过滤器

D. 安全阀

58. 并联设置雨淋报警阀组的雨淋系统，其雨淋报警阀控制腔的入口应设（　　）。

A. 止回阀

B. 泄压阀

C. 过滤器

D. 安全阀

59. 除报警阀组控制的洒水喷头只保护不超过防火分区面积的同层场所外，每个防火分区、每个楼层均应设（　　）。

A. 水流指示器

B. 压力开关

C. 流量开关

D. 报警阀

60. 某多功能建筑耐火等级为二级，共 2 层，每层建筑面积 8 000 m^2，1 层为采用不燃材料装修的商店，2 层为办公，全楼设置自动喷水灭火系统和火灾自动报警系统，则应最少设置（　　）个水流指示器。

A. 6

B. 4

C. 5

D. 3

61. 下列不属于末端试水装置组成的是（　　）。

A. 试水阀

B. 压力开关

C. 压力表

D. 试水接头

62. 每个报警阀组控制的最不利点喷头处，应设末端试水装置，其他防火分区、楼层均应设直径为（　　）mm 的试水阀。

A. 15

B. 10

C. 20

D. 25

63. 末端试水装置和试水阀应有标识，距地面的高度宜为（　　）m，并应采取不被他用的措施。

A. 1.1

B. 1.3

C. 1.5

D. 1.8

64. 末端试水装置的出水，应采取孔口出流的方式排入排水管道，排水立管宜设伸顶通气管，且管径不应小于（　　）mm。

A. 25

B. 50

C. 65

D. 75

65. 当自动喷水灭火系统报警阀入口前管道采用（　　）时，应在报警阀前设置过滤器。

A. 防腐的热镀锌钢管

B. 不锈钢管

C. 不防腐的钢管

D. 氯化聚氯乙烯（PVC-C）管

66. 关于自动喷水灭火系统采用氯化聚氯乙烯（PVC-C）管材及管件的说法不正确的是（　　）。

A. 可以设在火灾危险等级为轻危险级的场所

B. 可以设在火灾危险等级为中危险级Ⅰ级的场所

C. 使用系统应为预作用系统

D. 可采用快速响应洒水喷头

67. 自动喷水灭火系统采用氯化聚氯乙烯（PVC-C）管材及管件时，应用于公称直径不超过（　　）的配水管及配水支管，且不应穿越防火分区。

A. DN50

B. DN80

C. DN100

D. DN150

68. 自动喷水灭火系统采用氯化聚氯乙烯（PVC-C）管材及管件，当设置在无吊顶场所时，该场所应为轻危险级场所，顶板应为水平、光滑顶板，且喷头溅水盘与顶板的距离不应大于（　　）mm。

A. 30

B. 50

C. 80

D. 100

69. 自动喷水灭火系统设置场所的火灾危险等级应划分为（　　）级。

A. 2

B. 3

C. 4

D. 5

70. 自动喷水灭火系统洒水喷头与配水管道采用消防洒水软管连接时，消防洒水软管的长度不应超过（　　）m。

A. 1.2

B. 1.5

C. 1.6

D. 1.8

71. 镀锌钢管、涂覆钢管可采用的连接方式不包括（　　）。

A. 焊接连接

B. 沟槽式连接件连接

C. 螺纹连接

D. 法兰连接

72. 当报警阀前采用内壁不防腐钢管做为配水管道时，可（　　）。

A. 焊接连接

B. 沟槽式连接件连接

C. 螺纹连接

D. 法兰连接

73. 自动喷水灭火系统配水管道连接过程中，(　　)可采用沟槽式连接件（卡箍）、法兰、卡压等连接方式，不宜采用焊接。

A. 铜管

B. 消防洒水软管

C. 不锈钢管

D. 氯化聚氯乙烯（PVC-C）管

74. 自动喷水灭火系统中直径等于或大于（　　）mm 的管道，应分段采用法兰或沟槽式连接件（卡箍）连接。

A. 50

B. 80

C. 100

D. 300

75. 自动喷水灭火系统中，立管上法兰间的距离，不应跨越（　　）个及以上楼层。

A. 3

B. 5

C. 4

D. 2

76. 自动喷水灭火系统中水平管道上法兰间的管道长度不宜大于（　　）m。

A. 15

B. 20

C. 25

D. 30

77. 设置自动喷水灭火系统、净空高度大于（　　）m 的场所内，立管上应有法兰。

A. 4

B. 5

C. 6

D. 8

78. 配水管两侧每根配水支管控制的标准流量洒水喷头数量，轻危险级、中危险级场所同时在吊顶上下设置喷头的配水支管，上下侧均不应超过（　　）只。

A. 8

B. 6

C. 10

D. 12

79. 严重危险级及仓库危险级场所配水管两侧每根配水支管控制的标准流量洒水喷头的数量不应超过（　　）只。

A. 8

B. 10

C. 6

D. 12

80. 轻危险级场所中配水支管、配水管公称管径为 80 mm，配水支管、配水管控制的标准流量洒水喷头数量不宜超过（　　）只。

A. 18

B. 32

C. 48

D. 64

81. 中危险级场所中配水支管、配水管公称管径为 80 mm，配水支管、配水管控制的标准流量洒水喷头数量不宜超过（　　）只。

A. 18

B. 32

C. 48

D. 64

82. 中危险级场所中配水支管、配水管公称管径为 100 mm，配水支管、配水管控制的标准流量洒水喷头数量不宜超过（　　）只。

A. 18

B. 32

C. 48

D. 64

83. 最大净空高度为（　　）m，最大储物高度为（　　）m 的 I、II 级，沥青制品、箱装不发泡塑料仓库及类似场所采用早期抑制快速响应喷头时，作用面积内开放的喷头数不应低于 12 个。

A. 6，8

B. 10，12

C. 12，10.5

D. 13.5，12

84. 最大净空高度为（　　）m，最大储物高度为（　　）m 的袋装不发泡塑料、箱装发泡塑料仓库及类似场所采用早期抑制快速响应喷头时，作用面积内开放的喷头数不应低于 12 个。

A. 12，10

B. 10，12

C. 12，10.5

D. 13.5，12

85. 袋装发泡塑料仓库及类似场所采用早期抑制快速响应喷头时，最大净空高度为 12.0 m，最大储物高度为 10.5 m，作用面积内开放的喷头数不应低于（　　）个。

A. 12

B. 15

C. 18

D. 20

86. 仓库危险级 I 级场所，货架层数为单层且内置洒水喷头时，货架内开放洒水喷头数量不应小于（　　）。

A. 6

B. 8

C. 10

D. 12

87. 仓库危险级 II 级场所，货架层数为单层且内置洒水喷头时，货架内开放洒水喷头数量不应小于（　　）。

A. 6

B. 8

C. 10

D. 12

88. 仓库危险级 II、III 级场所，2 层及以上货架内设置洒水喷头，货架内开放洒水喷头数量不应小于（　　）。

A. 8

B. 10

C. 12

D. 14

89. 货架内置洒水喷头超过 2 层时，计算流量应按（　　），且每层开放洒水喷头数按表规定值的 1/2 确定。

A. 最顶层 1 层

B. 最顶层 2 层

C. 最底层 1 层

D. 最底层 2 层

90. 干式系统、预作用系统的供气管道，采用钢管时，管径不宜小于（　　）mm；采用铜管时，管径不宜小于（　　）mm。

A. 10，15

B. 15，10

C. 10，20

D. 12，15

91. 短立管及末端试水装置的连接管，其管径不应小于（　　）mm。

A. 15

B. 20

C. 25

D. 30

92. 配水管道的工作压力不应大于（　　）MPa，并不应设置其他用水设施。

A. 1.0

B. 1.2

C. 1.6

D. 2.4

93. 配水管道的布置，应使配水管入口的压力均衡。轻危险级、中危险级场所中各配水管入口的压力均不宜大于（　　）MPa。

A. 0.3

B. 0.4

C. 0.5

D. 0.7

项目五　系统控制

1. 由火灾自动报警系统和充气管道上设置的压力开关控制的预作用系统适用于（　　）场所。

A. 处于准工作状态时严禁误喷的场所

B. 室内净空高度超过一定高度且必须迅速扑救初期火灾的场所

C. 替代湿式系统的场所

D. 处于准工作状态时严禁管道充水的场所

2. 预作用系统同时具备三种开启报警阀组的控制方式不包括（　　）。

A. 自动控制

B. 气动启动

C. 消防控制室（盘）远程控制

D. 预作用装置处现场手动应急操作

3. 干式系统、由火灾自动报警系统和充气管道上设置的压力开关开启预作用装置的预作用系统，其配水管道充水时间不宜大于（　　）min。

A. 1

B. 2

C. 5

D. 10

4. 雨淋系统和仅由火灾自动报警系统联动开启预作用装置的预作用系统，其配水管道充水时间不宜大于（　　）min。

A. 1

B. 2

C. 5

D. 10

模块五

水喷雾及细水雾灭火系统

项目一　水喷雾灭火系统

1. 下列不属于水喷雾灭火机理的是（　　）。
A. 窒息
B. 稀释
C. 辐射热阻隔
D. 乳化

2. 水喷雾灭火系统的水雾喷头使水从连续的水流状态分解转变成不连续的细小水雾滴喷射出来，因此它具有较高的电绝缘性能和良好的灭火性能。下列不属于水喷雾灭火机理的是（　　）。
A. 冷却
B. 隔离
C. 窒息
D. 乳化

3. 水喷雾的主要灭火机理不包括（　　）。
A. 窒息
B. 乳化
C. 稀释
D. 阻断链式反应

4. 下列选项中，不属于电动启动水喷雾灭火系统工作时需参与的组件是（　　）。
A. 火灾探测器
B. 火灾自动报警系统
C. 闭式喷头
D. 电磁阀

5. 某一类高层办公楼的自备柴油发电机房，设置电动启动雨淋阀组的水喷雾灭火系统保护，当该系统的火灾探测装置动作后，打开雨淋报警阀组，压力开关动作，联锁启动消防水泵，水雾喷头灭火。该系统采用的火灾探测装置应是（   ）。

A. 气动传动管探测装置

B. 液动传动管探测装置

C. 感烟感温火灾探测装置

D. 闭式喷头驱动传动管探测装置

6. 下列不属于传动管启动水喷雾灭火系统工作时需参与的组件是（   ）。

A. 自动排气阀

B. 火灾探测器

C. 空压机

D. 传动管

7. 下列关于采用传动管启动水喷雾灭火系统的做法中错误的是（   ）。

A. 雨淋报警阀组通过电动开启

B. 系统利用闭式喷头探测火灾

C. 雨淋报警阀组通过气动开启

D. 雨淋报警阀组通过液动开启

8. 关于水喷雾灭火系统，其具有（   ）种启动方式。

A. 3

B. 1

C. 2

D. 4

9. 下列选项中，不适用水喷雾灭火系统进行扑救的火灾的是（   ）。

A. 饮料酒火灾

B. 电气火灾

C. 沥青火灾

D. 汽油火灾

10. 水雾喷头是在一定的压力作用下，利用离心或撞击原理将水流分解成细小水雾滴的喷头。当用于防护冷却时，水雾喷头的工作压力不应小于（   ）MPa。

A. 0.12

B. 0.2
C. 0.35
D. 0.15

11. 水雾喷头的工作压力，当用于灭火时不应小于（　　）MPa。
A. 0.20
B. 0.15
C. 0.35
D. 0.10

12. 当输送皮带采用水喷雾灭火系统时，其保护面积应按（　　）确定。
A. 上行皮带的下表面积
B. 上行皮带的上表面积
C. 下行皮带的上表面积
D. 下行皮带的下表面积

13. 某油浸变压器油箱外形为长方体，长、宽、高分别为 5 m、3 m、4 m，散热器的外表面积为 21 m^2，油枕及集油坑的投影面积为 22 m^2。若采用水喷雾灭火系统保护，则该变压器的保护面积至少应为（　　）。
A. 58 m^2
B. 100 m^2
C. 122 m^2
D. 137 m^2

14. 水喷雾灭火系统的基本设计参数根据其防护目的和保护对象确定。水喷雾灭火系统用于液化石油气罐瓶间防护冷却目的时，系统的响应时间不应大于（　　）s。
A. 45
B. 60
C. 120
D. 300

15. 水喷雾灭火系统由（　　）组成。
A. 水雾喷头、雨淋阀、过滤器、供水管道
B. 水雾喷头、雨淋阀、报警阀、供水管道
C. 水雾喷头、注水阀、过滤器、供水管道
D. 水雾喷头、排水阀、过滤器、供水管道

16. 水喷雾灭火系统扑救电气火灾，其喷头应选用（　　）。

A. 防腐型水雾喷头

B. 锥型喷头

C. 加防尘罩喷头

D. 离心雾化型水雾喷头

17. 水雾滴平均直径随喷头工作压力变化而变化，压力越大，雾滴平均直径越小。水雾喷头的水雾滴平均直径不宜太小，但水雾滴太大时，也会影响水雾的气化效果，使水喷雾的冷却和窒息作用降低，故一般水雾的粒径应在（　　）mm 范围内。

A. 0.1 ~ 0.3

B. 0.3 ~ 0.5

C. 0.3 ~ 1

D. 0.5 ~ 1

18. 水雾喷头是在一定的压力作用下，利用离心或撞击原理将水流分解成细小水雾滴喷头。当用于灭火、控火目的时，其工作压力不应小于（　　）MPa。

A. 0.12

B. 0.2

C. 0.35

D. 0.5

19. 某丙类液体固定顶储罐，储罐容积为 200 m^3，直径为 20 m。采用水喷雾灭火系统进行防护冷却，则水雾喷头与保护储罐外壁之间的距离不应大于（　　）m。

A. 0.5

B. 0.7

C. 0.9

D. 1.0

20. 某 1 200 m^3 液化烃球罐采用水喷雾灭火系统进行防护冷却。关于水雾喷头布置的说法，正确的是（　　）。

A. 水雾喷头的喷口应朝向该喷头所在环管的圆心

B. 水雾锥沿纬线方向应相交

C. 水雾锥沿经线方向宜相交

D. 赤道以上环管之间的距离不应大于 4 m

21. 当水喷雾系统用于冷却甲、乙、丙类液体储罐时，关于冷却范围及保护面积的说法，下列不正确的是（　　）。

A. 着火的浮顶罐应冷却，其相邻储罐可不冷却

B. 着火的地上固定顶储罐及距着火储罐罐壁 1.5 倍着火罐直径范围内的相邻地上储罐应同时冷却

C. 着火罐的保护面积应按罐壁外表面面积计算

D. 着火的浮顶罐应冷却，其相邻储罐应同时冷却

22. 某柴油发电机采用水喷雾灭火系统进行保护，水雾喷头距离柴油发电机的距离为 1 m，雾化角为 120°，菱形布置水雾喷头，则应该选取（　　）类型的喷头，喷头宜布置在发电机的（　　）。

A. 撞击式，顶部

B. 离心雾化，四周

C. 离心雾化，顶部

D. 撞击式，四周

23. 下列关于水喷雾灭火系统水雾喷头选型和设置要求的说法中，错误的是（　　）。

A. 扑救电气火灾应选用离心雾化型水雾喷头

B. 室内散发粉尘的场所设置的水雾喷头应带防尘帽

C. 保护可燃气体储罐时，水雾喷头距离保护储罐外壁不应大于 0.7 m

D. 保护油浸式变压器时，水雾喷头之间的水平距离与垂直距离不应大于 1.2 m

24. 雨淋阀组宜设在环境温度不低于（　　）℃，并有排水设施的室内，其位置宜靠近保护对象并便于操作。

A. 4

B. 5

C. 10

D. 30

项目二　细水雾灭火系统

1. 细水雾的灭火机理不包括（　　）。

A. 表面冷却

B. 窒息

C. 辐射热阻隔

D. 化学抑制

2. 下列关于细水雾灭火系统的供水方式的说法，正确的是（　　）。

A. 泵组式系统适用于中和低压系统

B. 瓶组式系统适用于中、高压系统

C. 瓶组与泵组结合式系统适用于高和低压系统

D. 瓶组式系统适用于低、中、高压系统

3. 细水雾灭火系统按供水方式分类,可分为泵组式系统、瓶组与泵组结合式系统和（　　）。

A. 低压系统

B. 瓶组式系统

C. 中压系统

D. 高压系统

4. 基于细水雾灭火系统的灭火机理，下列场所中，细水雾灭火系统不适合用于扑救的是（　　）。

A. 电缆夹层

B. 柴油发电机

C. 锅炉房

D. 电石仓库

5. 下列关于细水喷雾灭火系统联动控制的做法中，错误的是（　　）。

A. 开式系统在接收到两个不同类型的火灾报警信号后自动启动

B. 开式系统在接收到两个独立回路中相同类型的两个火灾报警信号后自动启动

C. 闭式系统在喷头动作后，由压力开关直接连锁自动启动

D. 闭式系统在喷头动作后，由分区控制阀启闭信号自动启动

6. 某火力发电厂的油浸变压器室毗邻储煤场，该发电厂油浸变压器室设置的水喷雾灭火系统宜用（　　）。

A. 离心雾化型水雾喷头

B. 撞击型水雾喷头

C. 防尘帽+撞击型水雾喷头

D. 防尘帽+离心雾化型水雾喷头

7. 下列水喷雾灭火系统喷头选型方案中，错误的是（　　）。

A. 用于白酒厂酒缸灭火保护的水喷雾灭火系统，选用离心雾化型水雾

喷头

B. 用于液化石油气灌瓶间防护冷却的水喷雾灭火系统，选用撞击型水雾喷头

C. 用于电缆沟电缆灭火保护的水喷雾灭火系统，选用撞击型水雾喷头

D. 用于丙类液体固定顶储罐防护冷却的水喷雾灭火系统，选用离心雾化型水雾喷头

8. 全淹没应用方式的开式细水雾灭火系统，其单个防护区的容积，泵组系统不大于（　　）m^3，瓶组系统不宜超过（　　）m^3。

A. 2 000，240

B. 3 000，240

C. 2 000，260

D. 3 000，260

9. 某文物库采用细水雾灭火系统进行保护，系统选型为全淹没应用方式的开式系统。该系统最不利点工作压力为（　　）。

A. 0.1 MPa

B. 1.0 MPa

C. 1.6 MPa

D. 1.2 MPa

10. 用于电子信息机房的细水雾灭火系统设计持续喷雾时间应为（　　）min。

A. 20

B. 30

C. 40

D. 50

11. 细水雾灭火系统的喷头最低设计工作压力不应小于（　　）MPa。

A. 0.2

B. 0.35

C. 0.15

D. 1.2

12. 某燃油锅炉房拟采用细水雾灭火系统。为确定设计参数，进行了实体火灾模拟实验，实验结果为：喷头安装高度为 4.5 m，布置间距为 2.8 m，喷雾强度为 0.8 L/（min · m^2），最不利点喷头的工作压力为 9 MPa。下列根据模拟实验结果确定的设计方案中，正确的是（　　）。

A. 喷头设计安装高度为 5 m

B. 设计喷雾强度为 1.0 L/（min · m^2）

C. 喷头设计布置间距为 3 m

D. 喷头设计最低工作压力为 8 MPa

13. 某高层办公楼的柴油发电机房设置了水喷雾灭火系统，该系统水雾喷头的灭火工作压力不应小于（　　）MPa。

A. 0.05

B. 0.10

C. 0.20

D. 0.35

14. 某档案库，地上 6 层，地下 1 层。3 层的珍藏库采用非密集柜方式存储档案资料，该珍藏库设置的闭式细水雾灭火系统可选择喷头的响应时间指数（RTI）最大为（　　）$(m \cdot s)^{0.5}$。

A. 50

B. 40

C. 60

D. 70

15. 系统应按喷头的型号规格存储备用喷头，其数量不应小于相同型号规格喷头实际设计使用总数的（　　）且不少于（　　）只。

A. 5%，10

B. 6%，10

C. 10%，5

D. 1%，5

模块六

自动跟踪定位射流灭火系统

项目一　系统概述

1. 下列（　　）不是自动跟踪定位射流灭火系统利用探测装置对初期火灾的对应动作。

A. 探测

B. 跟踪

C. 灭火

D. 定位

2. 自动跟踪定位射流灭火系统是指利用（　　）、数字图像或其他火灾探测组件对火、温度等的探测进行早期火灾的自动跟踪定位。

A. 红外线

B. 紫外线

C. 感烟

D. 感温

3. 灭火装置分为自动跟踪定位（　　）灭火装置和自动跟踪定位射流灭火装置。

A. 消火栓

B. 消防炮

C. 消防水枪

D. 自动喷水

4. 自动跟踪定位射流灭火装置的特点，保护面积（　　），响应速度（　　），探测灵敏度（　　），远程定点灭火，减少了扑救过程中造成的损失系统可同时具有防火、灭火、监控功能，提高了系统的可靠性。

A. 小，快，低

B. 大，快，高

C. 大，慢，低

D. 大，慢，高

5. 自动跟踪定位射流灭火装置具有（　　）定位检测功能，可以准确指示火源的方向是否正确。

A. 火灾类型

B. 火势大小

C. 红外光

D. 激光

6. 喷射型自动射流灭火系统灭火装置的流量不大于（　　）L/s，且不小于（　　）L/s。

A. 16，5

B. 5，16

C. 15，5

D. 15，10

7. 自动跟踪定位射流灭火系统不应用于下列场所（　　）。

A. 适宜用水保护的场所

B. 没有存在明显遮挡的场所

C. 经常有明火作业的场所

D. 火灾水平蔓延速度一般的场所

项目二　系统设计参数

1. 自动跟踪定位射流灭火系统的供水管路设计应符合：自动控制阀前应采用（　　）管路。

A. 湿式系统

B. 干式系统

C. 预作用系统

D. 雨淋系统

2. 自动消防炮灭火系统和喷射型自动射流灭火系统应保证至少（　　）台灭火装置的射流能到达被保护区域的任一部位。

A. 1

B. 2

C. 3

D. 4

3. 自动消防炮灭火系统用于扑救民用建筑内火灾时，单台炮的流量不应小于（　　）L/s；用于扑救工业建筑内火灾时，单台炮的流量不应小于（　　）L/s。

A. 30，30

B. 50，100

C. 30，60

D. 20，30

4. 喷射型自动射流灭火系统用于扑救轻危险级场所火灾时，单台灭火装置的流量不应小于（　　）L/s；用于扑救中危险级场所火灾时，单台灭火装置的流量不应小于（　　）L/s。

A. 10，5

B. 5，10

C. 10，20

D. 10，15

5. 自动跟踪定位射流灭火系统的设计流量应为设计同时开启的灭火装置流量之和，且不应小于（　　）L/s。

A. 5

B. 8

C. 10

D. 15

6. 自动跟踪定位射流灭火系统的设计持续喷水时间应不小于（　　）h。

A. 1

B. 1.5

C. 2

D. 3

项目三　系统组件及其设置要求

1. 自动跟踪定位射流灭火系统的探测装置应采用（　　）探测方式，并应能有效探测和判定保护区域内的火源。

A. 感烟

B. 感温

C. 火焰

D. 复合

2. 自动跟踪定位射流灭火系统的水流指示器的公称压力不应小于系统工作压力的（　　）倍。

A. 1.0

B. 1.2

C. 1.3

D. 1.5

3. 自动跟踪定位射流灭火系统的管路应布置成环状，检修阀的设置应确保在管路检修时，受影响的供水支管不大于（　　）根。

A. 2

B. 3

C. 4

D. 5

项目四　系统供水设计要求

1. 自动消防炮灭火系统应设置（　　）消防水泵和供水管网。

A. 与自动跟踪定位射流合用的

B. 与消火栓合用的

C. 与自动喷水灭火系统合用的

D. 独立的

2. 当喷射型和喷洒型合用消防水泵与管网时，两个系统不同时工作时，系统设计水量、水压及一次灭火用水量应满足（　　）使用的要求。

A. 两者之和

B. 较大一个

C. 喷射型

D. 喷洒型

3. 自动跟踪定位射流灭火系统的消防水泵的最大出口压力大于（　　）MPa时，消防水泵出水管上应采取防止系统超压的措施。

A. 0.5

B. 1.0

C. 1.2

D. 1.5

综合测试二

一、单选题

1. 自动喷水灭火系统根据所使用喷头的形式可分为（　　）自动喷水灭火系统。

A. 闭式和开式

B. 干式和湿式

C. 闭式和半开式

D. 干式和预作用

2. 水喷雾灭火系统的基本设计参数根据其防护目的和保护对象确定。水喷雾灭火系统用于液化石油气罐瓶间防护冷却目的时，系统的响应时间不应大于（　　）s。

A. 45

B. 60

C. 120

D. 300

3. 发生火灾时，湿式喷水灭火系统是由（　　）探测火灾。

A. 火灾探测器

B. 水流指示器

C. 闭式喷头

D. 压力开关

4. 水喷雾灭火系统由（　　）组成。

A. 水雾喷头、雨淋阀、过滤器、供水管道

B. 水雾喷头、雨淋阀、报警阀、供水管道

C. 水雾喷头、注水阀、过滤器、供水管道

D. 水雾喷头、排水阀、过滤器、供水管道

5. 干式系统适用温度范围为（　　）。

A. 4℃至 70℃

B. 不低于 5℃且不高于 75℃

C. 4℃至 75℃

D. 低于 4℃或高于 70℃

6. 细水雾的灭火机理不包括（　　）。

A. 表面冷却

B. 窒息

C. 辐射热阻隔

D. 化学抑制

7. 严禁系统误喷的忌水场所应采用（　　）。

A. 湿式系统

B. 预作用系统

C. 干式系统

D. 自动喷水-泡沫联用系统

8. 某油浸变压器油箱外形为长方体，长、宽、高分别为 5 m、3 m、4 m，散热器的外表面积为 21 m^2，油枕及集油坑的投影面积为 22 m^2。若采用水喷雾灭火系统保护，则该变压器的保护面积至少应为（　　）。

A. 58 m^2

B. 100 m^2

C. 122 m^2

D. 137 m^2

9. 防火分隔水幕和防护冷却水幕的喷头工作压力为（　　）MPa。

A. 0.05

B. 0.10

C. 0.15

D. 0.50

10. 水雾滴平均直径随喷头工作压力变化而变化，压力越大，雾滴平均直径越小。水雾喷头的水雾滴平均直径不宜太小，但水雾滴太大时，也会影响水雾的气化效果。使水喷雾的冷却和窒息作用降低，故一般水雾的粒径应在（　　）mm 范围内。

A. 0.1 ~ 0.3

B. 0.3 ~ 0.5

C. 0.3 ~ 1

D. 0.5 ~ 1

11. 露天场所宜采用（　　）。

A. 湿式系统

B. 干式系统

C. 防护冷却系统

D. 防火分隔水幕系统

12. 某柴油发电机采用水喷雾灭火系统进行保护，水雾喷头距离柴油发电机的距离为 1 m，雾化角为 120°，菱形布置水雾喷头，则应该选取（　　）类型的喷头，喷头宜布置在发电机的（　　）。

A. 撞击式，顶部

B. 离心雾化，四周

C. 离心雾化，顶部

D. 撞击式，四周

13. 雨淋阀组宜设在环境温度不低于（　　）℃，并有排水设施的室内，其位置宜靠近保护对象并便于操作。

A. 4

B. 5

C. 10

D. 30

14. 下列关于细水雾灭火系统的供水方式的说法正确的是（　　）。

A. 泵组式系统适用于中和低压系统

B. 瓶组式系统适用于中、高压系统

C. 瓶组与泵组结合式系统适用于高和低压系统

D. 瓶组式系统适用于低、中、高压系统

15. 特殊响应洒水喷头的响应时间指数为（　　）。

A. $RTI \leqslant 50\ (m \cdot s)^{0.5}$

B. $50\ (m \cdot s)^{0.5} < RTI \leqslant 80\ (m \cdot s)^{0.5}$

C. $80\ (m \cdot s)^{0.5} < RTI \leqslant 350\ (m \cdot s)^{0.5}$

D. $RTI \leqslant (28 \pm 8)\ (m \cdot s)^{0.5}$

16. 基于细水雾灭火系统的灭火机理，下列场所中，细水雾灭火系统不适合用于扑救的是（　　）。

A. 电缆夹层

B. 柴油发电机

C. 锅炉房

D. 电石仓库

17. 自动喷水灭火系统等自动水灭火系统应根据喷头灭火需求压力确定，但最小不应小于（　　）MPa。

A. 0.07

B. 0.10

C. 0.15

D. 0.50

18. 下列水喷雾灭火系统喷头选型方案中，错误的是（　　）。

A. 用于白酒厂酒缸灭火保护的水喷雾灭火系统，选用离心雾化型水雾喷头

B. 用于液化石油气灌瓶间防护冷却的水喷雾灭火系统，选用撞击型水雾喷头

C. 用于电缆沟电缆灭火保护的水喷雾灭火系统，选用撞击型水雾喷头

D. 用于丙类液体固定顶储罐防护冷却的水喷雾灭火系统，选用离心雾化型水雾喷头

19. 某燃油锅炉房拟采用细水雾灭火系统。为确定设计参数，进行了实体火灾模拟实验，实验结果为：喷头安装高度为 4.5 m，布置间距为 2.8 m，喷雾强度为 0.8 L/（min · m^2），最不利点喷头的工作压力为 9 MPa。下列根据模拟实验结果确定的设计方案中，正确的是（　　）。

A. 喷头设计安装高度为 5 m

B. 设计喷雾强度为 1.0 L/（min · m^2）

C. 喷头设计布置间距为 3 m

D. 喷头设计最低工作压力为 8 MPa

20. 湿式自动喷水灭火系统由（　　）组成。

A. 闭式喷头、管道、湿式报警阀组、水流指示器和供水设施

B. 开式喷头、管道、湿式报警阀组、水流指示器和供水设施

C. 闭式喷头、管道、湿式报警阀、火灾自动报警系统和供水设施

D. 开式喷头、管道、湿式报警阀、火灾自动报警系统和供水设施

21. 民用建筑和厂房采用湿式系统时，系统最不利点处洒水喷头的工作压力（　　）。

A. 0.03 MPa

B. 0.04 MPa

C. 0.5 MPa

D. 0.05 MPa

22. 末端试水装置的出水，应采取孔口出流的方式排入排水管道，排水立管宜设伸顶通气管，且管径不应小于（　　）mm。

A. 75

B. 60

C. 20

D. 25

23. 下列不属于雨淋系统控制方式的是（　　）。

A. 电动控制

B. 液动控制

C. 手/自交替控制

D. 气动控制

24. 轻危险级场所设有自动喷水灭火系统保护，系统安装了边墙型标准覆盖面积洒水喷头，该系统配水支管上喷头的最大间距为（　　）m，两排相对喷头的最大保护跨度为（　　）m。

A. 3.0，6.0

B. 3.6，7.2

C. 3.0，7.2

D. 3.6，6.0

25. 总建筑面积小于 5 000 m^2 的商场设置自动喷水灭火系统火灾危险等级为（　　）。

A. 中危Ⅰ级

B. 中危Ⅱ级

C. 严重危险级Ⅰ级

D. 严重危险级Ⅱ级

26. 自动喷水灭火系统设置场所的危险等级应根据建筑规模、高度以及火灾危险性、火灾荷载和保护对象的特点等确定。下列建筑中，自动喷水灭火系统设置场所的火灾危险等级为中危险级 Ⅰ 级的是（　　）。

A. 建筑高度为 50 m 的办公楼

B. 建筑高度为 23 m 的四星级旅馆

C. 2 000 个座位剧场的舞台（葡萄架除外）

D. 总建筑面积 5 600 m^2 的商场

27. 某一地下车库处在环境温度低于 4℃的地区，采用干式自动喷水灭火系统保护。系统的设计参数按照火灾危险等级的中危险级 II 级确定，其作用面积不应小于（　　）m^2。

A. 208

B. 160

C. 180

D. 260

28. 建筑物中保护局部场所的干式系统、预作用系统、雨淋系统、自动喷水-泡沫联用系统,可串联接入同一建筑物内的(　　),并应与其(　　)连接。

A. 雨淋系统，配水干管

B. 湿式系统，配水干管

C. 雨淋系统，配水支管

D. 湿式系统，配水支管

29. 最大净空高度不超过（　　）m 且最大储物高度不超过（　　）m，储物类别为袋装不发泡塑料、箱装发泡塑料和袋装发泡塑料的仓库及类似场所宜采用设置早期抑制快速响应喷头的自动喷水灭火系统。

A. 13.5，12

B. 12.0，10.5

C. 7.5，6.0

D. 12.5，10.0

30. 仅在走道设置洒水喷头的闭式系统，其作用面积应按（　　）确定。

A. 最小防疏散距离所对应的走道面积

B. 最大疏散距离所对应的走道面积

C. 整条走道的面积

D. 平均疏散距离所对应的走道面积

31. 自动喷水灭火系统为控制因建筑高差较大造成的超压，通常采用分区供水或者在系统相应管段上安装（　　），以控制管道静压。

A. 泄水阀

B. 减压孔板

C. 节流管

D. 减压阀

32. 闭式系统的洒水喷头,其公称动作温度宜高于环境最高温度(　　)℃。

A. 10

B. 15

C. 20

D. 30

33. 不做吊顶的场所设置湿式系统，当配水支管布置在梁下时，应采用(　　)洒水喷头。

A. 下垂型

B. 直立型

C. 干式下垂型

D. 边墙型

34. 直立型、下垂型标准覆盖面积洒水喷头的布置间距不应大于规范的规定，且不应小于（　　）m。

A. 1.1

B. 1.3

C. 1.5

D. 1.8

35. 除吊顶型洒水喷头及吊顶下设置的洒水喷头外，密肋梁板下方的洒水喷头，溅水盘与密肋梁板底面的垂直距离应为（　　）mm。

A. 25 ~ 100

B. 75 ~ 100

C. 100 ~ 150

D. 75 ~ 150

36. 水力警铃的工作压力不应小于（　　）MPa。

A. 0.05

B. 0.04

C. 0.03

D. 0.5

37. 除报警阀组控制的洒水喷头只保护不超过防火分区面积的同层场所外，每个防火分区、每个楼层均应设（　　）。

A. 水流指示器

B. 压力开关

C. 流量开关

D. 报警阀

38. 由火灾自动报警系统和充气管道上设置的压力开关控制的预作用系统

适用于（　　）场所。

A. 处于准工作状态时严禁误喷的场所

B. 室内净空高度超过一定高度且必须迅速扑救初期火灾的场所

C. 替代湿式系统的场所

D. 处于准工作状态时严禁管道充水的场所

39. 预作用系统同时具备三种开启报警阀组的控制方式不包括（　　）。

A. 自动控制

B. 气动启动

C. 消防控制室（盘）远程控制

D. 预作用装置处现场手动应急操作

二、多选题

1. 关于该建筑自动喷水灭火系统喷头布置的检查要求，下列说法正确的有（　　）。

A. 地下车库内顶板下直立型标准喷头，其溅水盘与顶板的距离为 150 mm

B. 餐厅装设通透性吊顶，通透性面积占吊顶总面积的比例为 72%，喷头应设置在吊顶的下方

C. 地下车库喷头正方形布置，同一根配水支管上喷头的间距及相邻配水支管的间距为 3.6 m

D. 宾馆房间内侧墙单排布置边墙型标准喷头，喷头间距 3.6 m

E. 在地下车库排烟管底面下方的平面上布置喷头，溅水盘与顶板的距离为 300 mm

2. 水喷雾系统是通过水雾喷头使水从连续的洒水状态转变成不连续的细小水雾滴而喷射出来，其灭火机理主要是（　　）等作用。

A. 表面冷却

B. 窒息

C. 阻燃

D. 乳化

E. 稀释

3. 水喷雾灭火系统主要目的是灭火控火和防护冷却，其可用于灭火控火的是（　　）。

A. 固体火灾

B. 可燃液体火灾

D. 金属火灾

C. 气体火灾
E. 电气火灾

4. 下列火灾不可用水喷雾灭火系统扑救的是（　　）。
A. 电石仓库火灾
B. 燃油锅炉火灾
C. 油浸式电力变压器火灾
D. 木材火灾
E. 煤油输油管道火灾

5. 水雾喷头是在一定的压力作用下，利用离心或撞击原理将水流分解成细小水雾滴的喷头，其按结构可分为（　　）。
A. 直通型水雾喷头
B. 撞击型水雾喷头
C. 角式水雾喷头
D. 过滤型水雾喷头
E. 高心雾化型水雾喷头

6. 细水雾灭火系统不能用于扑灭的有（　　）。
A. 木材表面火灾
B. 汽油火灾
C. 电气柜火灾
D. 金属镁火灾
E. 天然气火灾

7. 细水雾灭火系统按动作方式可分为（　　）。
A. 高压系统
B. 中低压系统
C. 开式系统
D. 闭式系统
E. 半开半闭系统

8. 细水雾灭火系统的喷头按动作方式可分为（　　）。
A. 撞击式
B. 开式
C. 离心式
D. 闭式
E. 通用式

9. 细水雾灭火系统的喷头按细水雾产生的原理可分为（　　）。

A. 撞击式

B. 开式

C. 离心式

D. 闭式

E. 通用式

模块七

泡沫灭火系统

项目一　系统概述

1. 泡沫层能阻止燃烧区的热量作用于燃烧物质的表面，因此可防止可燃物本身和附近可燃物质的燃烧，泡沫灭火系统灭火机理没有（　　）。

A. 隔氧窒息作用

B. 辐射热阻隔作用

C. 乳化阻隔作用

D. 吸热冷却作用

2. 关于固定顶储罐泡沫灭火系统设计的说法，下列错误的是（　　）。

A. 固定顶储罐的保护面积应按罐壁的表面积确定

B. 非水溶性液体储罐液下或半液下喷射系统，其泡沫混合液供给强度不应小于 5.0 L/（min · m^2），连续供给时间不应小于 40 min

C. 储罐上液上喷射系统每个泡沫产生器应用独立的混合液管道引至防火堤外

D. 储罐上液上喷射系统除立管外，其他泡沫混合液管道不得设置在罐壁上

项目二　系统组成与分类

1. 扑救水溶性可燃液体火灾，必须选用（　　）。

A. 蛋白泡沫液

B. 氟蛋白泡沫液

C. 水成膜泡沫液

D. 抗溶性泡沫液

2. 下列属于低倍数泡沫的是（　　）。

A. 发泡倍数低于 20 的灭火泡沫

B. 发泡倍数低于 10 的灭火泡沫

C. 发泡倍数为 20 ~ 200 的灭火泡沫

D. 发泡倍数高于 200 的灭火泡沫

3. 中倍数泡沫是指发泡倍数为（　　）倍的泡沫灭火系统。

A. ＜20

B. 20 ~ 200

C. 201 ~ 1 000

D. 1 001 ~ 2 000

4. 液上喷射泡沫灭火系统的应用形式有（　　）。

A. 固定式

B. 半固定式

C. 移动式

D. 以上均正确

项目三　系统选型与泡沫液的选择

1. 关于中倍数泡沫灭火系统适用范围的说法，下列错误的是（　　）。

A. 局部应用系统可用于四周不完全封闭的 C 类火灾场所

B. 移动式系统可用于不大于 100 m^2 的流淌 B 类火灾场所

C. 局部应用系统可用于固定位置面积不大于 100 m^2 的流淌 B 类火灾场所

D. 全淹没系统可用于小型封闭空间场所与设有阻止泡沫流失的固定围墙或其他围挡设施的小场所

2. 新建一个内浮顶原油储罐，容量为 6 000 m^3，采用中倍数泡沫灭火系统时，宜选用（　　）泡沫灭火系统。

A. 固定

B. 移动

C. 半固定

D. 半移动

3. 关于油罐固定式中倍数泡沫灭火系统的说法，下列不正确的是（　　）。

A. 油罐中倍数泡沫灭火系统应采用液上或半液下喷射形式，且保护面积应按油罐的横截面积确定

B. 设置固定式中倍数泡沫灭火系统的油罐区，宜设置低倍数泡沫枪

C. 系统泡沫混合液供给强度不应小于 4 L/（min·m^2），连续供给时间不应小于 30 min

D. 系统扑救一次火灾的泡沫混合液设计用量，应按罐内用量、该罐辅助泡沫枪用量、管道剩余量三者之和最大的油罐确定

4. 蛋白泡沫灭火剂可以扑救（　　）火灾。

A. 木材

B. 乙醇

C. 丙酮

D. 醋酸乙酯

5. 关于泡沫灭火系统泡沫液选择的说法，下列正确的是（　　）。

A. 水溶性甲、乙、丙类液体必须选用抗溶泡沫液

B. 非水溶性甲、乙、丙类液体储罐低倍数泡沫液的选择，当采用液上喷射系统时，必须选用水成膜泡沫液

C. 非水溶性甲、乙、丙类液体储罐低倍数泡沫液的选择，当选用水成漠泡沫液时，其抗烧水平不应低于现行国家标准《泡沫灭火剂》GB15308 规定的 B 级

D. 非水溶性甲、乙、丙类液体储罐低倍数泡沫液的选择，当采用液下喷射系统时，应选用蛋白、氟蛋白、成膜氟蛋白或水成膜泡沫液

项目四　系统设计要求

1. 泡沫从液面下喷入被保护储罐内的灭火系统，适用于（　　）。

A. 非水溶性甲、乙、丙类液体固定顶储罐

B. 外浮顶储罐

C. 内浮顶储罐

D. 水溶性甲、乙、丙类液体储罐

2. 下列叙述不正确的是（　　）。

A. 对于水溶性甲、乙、丙类液体火灾，必须采用液上喷射泡沫方式，且必须选用抗溶性泡沫液

B. 对于非水溶性甲、乙、丙类液体火灾，当采用同定顶储罐时，可以采用液上喷射泡沫方式，也可以采用液下或半液下喷射泡沫方式

C. 对于非水溶性甲、乙、丙类液体火灾，采用液上喷射泡沫方式时，可以选用蛋白、氟蛋白、水成膜或成膜氟蛋白泡沫液

D. 内浮顶储罐和外浮顶储罐不应选用液下喷射泡沫方式

3. 某储罐区有 4 个固定顶轻柴油储罐，单罐容积 2 000 m^3，设置了低倍数泡沫灭火系统。该泡沫灭火系统的设计保护面积应按（　　）确定。

A. 储罐罐壁与泡沫堰板间的环形面积

B. 储罐表面积

C. 储罐横截面面积

D. 防火堤内的地面面积

4. 某单罐容积为 60 000 m^3 的轻柴油内浮顶储罐，设置低倍数泡沫灭火系统时，应选用（　　）。

A. 半固定式液上喷射系统

B. 固定式半液下喷射系统

C. 固定式液下喷射系统

D. 固定式液上喷射系统

5. 某容积为 2 000 m^3 的乙醇固定顶储罐设置低倍数泡沫灭火系统时，应选用（　　）。

A. 半固定式液上喷射系统

B. 半固定式半液下喷射系统

C. 固定式液上喷射系统

D. 固定式液下喷射系统

6. 某存储汽油、轻石脑油的储罐区，采用内浮顶罐，储罐上所设置的固定式泡沫灭火系统的泡沫混合液供给强度为 12.5 L/（min · m^2），连续供给时间不应小于（　　）min。

A. 25

B. 30

C. 40

D. 45

7. 关于外浮顶储罐泡沫堰板的设计，当泡沫喷射口设置在罐壁顶部时，泡沫堰板与罐壁的间距不应小于（　　）m。

A. 0.2

B. 0.4

C. 0.6

D. 0.8

8. 关于外浮顶储罐泡沫灭火系统设计的说法，下列正确的是（　　）。

A. 钢制双盘式外浮顶储罐的保护面积，应按其横截面积确定

B. 非水溶性液体的泡沫混合液供给强度不应小于 7.5L/（min·m^2）

C. 钢制单盘式外浮顶储罐的保护面积，应按罐壁与泡沫堰板间的环形面积确定

D. 非水溶性液体的泡沫混合液连续供给时间不应小于 40 min

9. 按系统形式划分，泡沫灭火系统不包括（　　）。

A. 全淹没系统

B. 半固定式系统

C. 局部应用系统

D. 移动系统

10. 高倍数泡沫灭火系统当扑救固体火灾时，其泡沫淹没深度应高于最高保护对象的（　　）。

A. 0.6 m

B. 1.1 倍

C. 2 倍

D. 2 m

11. 高倍数泡沫的供给速率应按淹没或覆盖保护对象的时间不应大于（　　）min 来确定。

A. 0.5

B. 1

C. 2

D. 3

12. 关于中倍数局部应用系统的说法，下列不正确的是（　　）。

A. 当用于扑救 A 类火灾时，覆盖 A 类火灾保护对象最高点的厚度不应小于 0.6 m

B. 当用于扑救汽油、煤油、柴油或苯的火灾时，覆盖起火部位的厚度不应小于 2 m

C. 当用于扑救 A 类火灾和 B 类火灾时，其泡沫液和水的连续供给时间不应小于 12 min

D. 当用于扑救 A 类火灾或 B 类火灾时，达到规定覆盖厚度的时间不应大于 5 min

项目五　系统组件及其设置要求

1. 关于泡沫比例混合器（装置）的说法，下列错误的是（　　）。

A. 当采用压力式比例混合装置时，泡沫液储罐的单罐容积不应大于 5 m^3

B. 当采用环泵式比例混合器时，应设有不少于 1 个备用量的泡沫比例混合器

C. 当采用平衡式比例混合装置时，比例混合器的泡沫液进口管道上应设置单向阀

D. 当移动式系统采用管线式比例混合器时，比例混合器的压力损失可按水进口压力的 35%计算

2. 下列关于高倍数泡沫产生器的说法，错误的是（　　）。

A. 进口压力应在标定的工作压力范围内

B. 出口压力应大于泡沫罐内液体静压力

C. 发泡倍数不应小于 2

D. 发泡倍数不应大于 4

3. 关于泡沫产生装置的说法，下列不正确的是（　　）。

A. 高背压泡沫产生器的发泡倍数不应小于 20，且不应大于 200

B. 中倍数泡沫产生器的发泡网应采用不锈钢材料

C. 高倍数泡沫产生器在防护区内设置并利用热烟气发泡时，应选用水力驱动型泡沫产生器

D. 固定顶储罐当选择低倍数泡沫产生器时，宜采用立式泡沫产生器

模块八

气体灭火系统

项目一　系统分类与组成

1. 在二氧化碳灭火系统中，选择阀的工作压力：高压系统不应小于（　　），低压系统不应小于 2.5 MPa。

A. 9 MPa

B. 10 MPa

C. 12 MPa

D. 15 MPa

2. 下列不属于气体灭火系统按使用的灭火剂分类的是（　　）。

A. 二氧化碳灭火系统

B. 七氟丙烷灭火系统

C. 管网灭火系统

D. 惰性气体灭火系统

3. 二氧化碳系统不能扑救（　　）火灾。

A. 固体表面火灾及棉毛、织物、纸张等部分固体深位火灾

B. 硝化纤维、火药等含氧化剂的化学制品火灾

C. 液体火灾

D. 灭火前可切断气源的气体火灾

4. 组合分配系统是用（　　）气体灭火剂储存装置通过管网的选择分配，保护（　　）及以上防护区的灭火系统。

A. 一套，两个

B. 两套，一个

C. 一套，一个

D. 两套，两个

5.（　　）是指用一套灭火剂储存装置保护一个防护区的灭火系统。

A. 局部应用灭火系统

B. 无管网灭火系统

C. 组合分配系统

D. 单元独立系统

6. 气体灭火系统按（　　）分类全淹没气体灭火系统和局部应用气体灭火系统。

A. 系统结构特点

B. 存储方式

C. 应用方式

D. 加压方式

7. 下列不属于气体灭火系统按加压方式分类的是（　　）。

A. 自压式气体灭火系统

B. 内储压式气体灭火系统

C. 外储压式气体灭火系统

D. 燃气式气体灭火系统

项目二　系统灭火机理与控制方式

1. 采用自动控制启动方式的气体灭火系统，根据人员安全撤离防护区的需要，应有不大于（　　）s 的可控延迟喷射。

A. 30

B. 60

C. 90

D. 120

2. 某单位的汽车喷漆车间采用二氧化碳灭火系统保护，下列关于二氧化碳灭火系统灭火机理的说法中正确的是（　　）。

A. 窒息和隔离

B. 窒息和吸热冷却

C. 窒息和乳化

D. 窒息和化学抑制

3. 下列灭火系统具有化学抑制作用的是（　　）。

A. 二氧化碳灭火系统

B. 七氟丙烷灭火系统

C. IG-541 混合气体灭火系统

D. 惰性气体灭火系统

项目三　系统设计参数

1. 某 5 层数据计算机房，层高 5 m。每层有 1 200 m^2 的大空间计算机用房。设置 IG541 组合分配气体灭火系统保护，该建筑的气体灭火系统防护区最少应划分为（　　）个。

A. 5

B. 6

C. 8

D. 10

2. 气体灭火系统防护区划分下列不符合规定的是（　　）。

A. 防护区宜以单个封闭空间划分；同一区间的吊顶层和地板下需同时保护时，可合为一个防护区

B. 采用管网灭火系统时，一个防护区的面积不宜大于 800 m^2，且容积不宜大于 3 600 m^3

C. 采用预制灭火系统时，一个防护区的面积不宜大于 500 m^2，且容积不宜大于 1 600 m^3

D. 采用预制灭火系统时，一个防护区的面积不宜大于 600 m^2，且容积不宜大于 1 800 m^3

3. 某电信大楼的机房设置 IG541 预制灭火系统保护。则防护区围护结构及门窗的耐火极限均不宜低于（　　）h；吊顶的耐火极限不宜低于（　　）h。

A. 0.25，0.5

B. 0.5，0.25

C. 0.5，1.0

D. 1.0，0.5

4. 防护区的划分应根据封闭空间的结构特点和位置来划分，其中防护区围护结构及门窗的耐火极限均不宜低于（　　）h。

A. 0.5

B. 1.0

C. 1.5

D. 2.5

5. 气体灭火系统灭火后通信机房、电子计算机房等场所的通风换气次数应不小于（　　）次/h。

A. 4

B. 5

C. 6

D. 10

6. 气体灭火系统防护区内设置的预制灭火系统的充压压力不应大于（　　）MPa。

A. 1.5

B. 2.0

C. 2.5

D. 3.0

7. 全淹没二氧化碳灭火系统中的二氧化碳设计浓度不应小于灭火浓度的（　　）倍，并不得低于（　　）。

A. 1，34%

B. 1.3，25%

C. 1.5，30%

D. 1.7，34%

8. 七氟丙烷灭火系统的灭火设计浓度不应小于灭火浓度的（　　）倍，惰化设计浓度不应小于惰化浓度的（　　）倍。

A. 1.0，1.1

B. 1.1，1.3

C. 1.1，1.0

D. 1.3，1.1

9. 防护区实际应用的七氟丙烷浓度不应大于灭火设计浓度的（　　）倍。

A. 1.1

B. 1.2

C. 1.3

D. 1.4

10. 在通信机房和电子计算机房等防护区设置的七氟丙烷灭火系统，设计喷放时间不应大于（　　）s；在其他防护区，设计喷放时间不应大于（　　）s。

A. 6，10

B. 10，8

C. 8，10

D. 10，6

11. 七氟丙烷灭火系统保护图书、档案、票据和文物资料库等防护区时，其灭火设计浓度宜采用（　　）。

A. 10%

B. 9%

C. 8%

D. 5%

12. 七氟丙烷灭火系统全淹没浸渍时间，木材、纸张、织物等固体表面火灾，宜采用（　　）min。

A. 20

B. 5

C. 10

D. 1

13. 七氟丙烷储存容器的增压压力宜分为三级，下列不符合规定的是（　　）。

A. 一级 （2.5+0.1）MPa（表压）

B. 二级 （4.2+0.1）MPa（表压）

C. 三级 （6.4+0.1）MPa（表压）

D. 三级 （5.6+0.1）MPa（表压）

14. 下列 IG541 混合气体灭火系统储存容器充装量符合规定的是（　　）。

A. 一级增压储存容器，不应大于 1 120 kg/m³

B. 二级增压焊接结构储存容器，不应大于 950 kg/m³

C. 二级增压无缝结构储存容器，不应大于 1 120 kg/m³

D. 二级充压，20℃，充装压力为 20.0 MPa（表压）时，其充装量应为 281.06 kg/m³

15. 七氟丙烷灭火系统的灭火设计浓度不应小于灭火浓度的（　　）倍。

A. 1.1

B. 1.3

C. 1.5

D. 1.7

16. 气体灭火系统的灭火剂不同其适用范围也各不相同，其中二氧化碳不可扑灭的是（　　）。

A. 固体表面火灾

B. 液体火灾

C. 可切断气源的气体

D. 金属镁火灾

项目四　系统组件及其设置要求

1. 二氧化碳高压系统储存装置的容器工作压力不应小于（　　），储存容器或容器阀上应设泄压装置。

A. 14 MPa

B. 15 MPa

C. 16 MPa

D. 18 MPa

2. 高压式储存的二氧化碳灭火系统管网起点计算压力（绝对压力）为（　　）。

A. 1.00 MPa

B. 1.40 MPa

C. 2.07 MPa

D. 5.17 MPa

3. 二氧化碳低压系统储存装置的储存容器的设计压力不应小于（　　），并应采取良好的绝热措施。

A. 0.5 MPa

B. 1.5 MPa

C. 2.0 MPa

D. 2.5 MPa

4. 低压二氧化碳灭火系统储存容器上应至少设置两套安全泄压装置，低压二氧化碳灭火系统的安全阀应通过专用泄压管接到室外，其泄压动作压力应为（　　）MPa。

A. 1.40±0.12

B. 2.20±0.10

C. 2.38±0.12

D. 2.40±0.10

5. 选择阀按（　　）可分为气动启动型、电磁启动型、电爆启动型和组合启动型。

A. 用途

B. 密封形式

C. 结构形式

D. 启动方式

6. 二氧化碳灭火系统中低压系统管道及其附件应能承受的压力为（　　）。

A. 2.2 MPa

B. 5.0 MPa

C. 1.8 MPa

D. 4.0 MPa

7. 在气体灭火系统中，容器阀和集流管之间采用（　　）。

A. 焊接连接

B. 法兰连接

C. 挠性连接

D. 刚性连接

8. 气体灭火系统灭火剂储存装置的布置应便于维护、检查，操作面距墙面或相对操作面之间的距离不宜小于（　　）m。

A. 0.6

B. 0.8

C. 1.0

D. 1.5

9. 七氟丙烷灭火系统在容器阀和集流管之间的管道上应设（　　）。

A. 单向阀

B. 双向阀

C. 压力开关

D. 水流指示器

10. 气体灭火系统组合分配系统启动时，（　　）应在容器阀开启前或同时打开。

A. 单向阀

B. 压力讯号器

C. 选择阀

D. 安全泄压装置

11. 某电子计算机房设置了七氟丙烷管网灭火系统,该系统应有(　　)种启动方式。

A. 1

B. 2

C. 3

D. 4

12. 手动控制装置和手动与自动转换装置应设在防护区疏散出口的门外便于操作的地方，安装高度为中心点距地面（　　）m。

A. 1.3

B. 1.4

C. 1.5

D. 1.7

模块九

干粉灭火系统

项目一　概念与灭火机理

1. 常用的普通干粉灭火剂不能用于扑灭（　　）火灾。
A. B 类
B. C 类
C. D 类
D. E 类

2. 下列不属于干粉灭火剂组成的是（　　）。
A. 灭火基料
B. 流动助剂
C. 助燃剂
D. 防潮剂

3. 属于 BC 干粉灭火剂的是（　　）。
A. 以磷酸盐为基料的干粉灭火剂
B. 以碳酸氢钾为基料的紫钾干粉灭火剂
C. 以聚磷酸铵为基料的干粉灭火剂
D. 氯化钠类干粉灭火剂

4. 普通干粉灭火剂不可扑救的火灾是（　　）。
A. A 类火灾
B. B 类火灾
C. C 类火灾
D. E 类火灾

5. 专用干粉灭火剂又称为（　　）专用干粉灭火剂。
A. D 类
B. B 类
C. C 类

D. E类

6. 可用于扑灭D类火灾的干粉灭火剂是（　　）。
A. 以碳酸氢钠为基料的钠盐干粉灭火剂
B. 以硫酸钾为基料的钾盐干粉灭火剂
C. 以磷酸盐为基料的干粉灭火剂
D. 以氯化钠为基料的干粉灭火剂

7. 下列不能用干粉灭火系统扑救的火灾是（　　）。
A. 带电设备
B. 汽油
C. 沥青
D. 氢化钠

8. 下列灭火器中，灭火剂的灭火机理为化学抑制作用的是（　　）。
A. 泡沫灭火器
B. 二氧化碳灭火器
C. 水基型灭火器
D. 干粉灭火器

9. 干粉灭火剂灭火的主要机理是（　　）。
A. 降低氧浓度
B. 降低温度
C. 化学抑制
D. 降低氧浓度和冷却

10. 下列气体火灾不适宜用干粉扑救的是（　　）。
A. 甲烷
B. 甲醇蒸气
C. 乙炔
D. 乙烯

11. BC类干粉灭火剂可与下列灭火剂兼容的是（　　）。
A. 蛋白泡沫
B. ABC类干粉
C. 化学泡沫
D. 七氟丙烷

项目二　系统组成与分类

1. 一个区域有几个保护对象，且每个保护对象发生火灾后又不会蔓延时，可选用（　　）即应用一套系统同时保护多个保护对象。

A. 组合分配系统

B. 预制型系统

C. 全淹没式系统

D. 单元独立系统

2. 将驱动气体与干粉灭火剂同储于一个容器，灭火时直接启动干粉储罐指的是（　　），这种系统结构比储气系统简单，但要求驱动气体不能泄漏。

A. 储压式干粉灭火系统

B. 燃气式干粉灭火系统

C. 设计型干粉灭火系统

D. 储气式干粉灭火系统

3. 下列干粉灭火系统分类属于按照设计情况分类的是（　　）。

A. 储压型干粉灭火系统

B. 单元独立系统

C. 局部应用干粉灭火系统

D. 预制型干粉灭火系统

4. 较小的封闭空间、火灾燃烧表面不宜确定且不会复燃的场合，如油泵房等类场合适宜采用（　　）干粉灭火系统。

A. 全淹没

B. 局部应用

C. 组合分配

D. 储燃气式

项目三　系统工作原理与适用范围

1. 干粉灭火系统由干粉灭火设备和自动控制两大部分组成，下列属于自动控制组成部分的是（　　）。

A. 干粉储存容器

B. 驱动气体瓶组

C. 信号反馈装置

D. 减压阀

2. 下列组件中，不属于干粉灭火系统自动控制部分的是（　　）。

A. 驱动气体瓶组

B. 信号反馈装置

C. 火灾探测器

D. 报警控制器

3. 干粉灭火系统有（　　）种启动方式。

A. 1

B. 2

C. 3

D. 4

4. 干粉灭火系统能扑救（　　）引起的火灾。

A. 汽油

B. 硝化纤维

C. 固体深位火灾

D. 钠

项目四　系统设计参数

1. 磷酸铵盐干粉灭火剂不适合扑救（　　）火灾。

A. 汽油

B. 石蜡

C. 钠

D. 木制家具

2. 下列属于干粉灭火系统适用范围的是（　　）。

A. 固体深位火灾

B. 硝酸纤维的火灾

C. 易燃液体的火灾

D. 可燃金属（如钠、钾、镁）的火灾

3. 干粉灭火系统适用于（　　）。

A. 灭火前可切断气源的气体火灾

B. 火灾中产生含有氧的化学物质的火灾

C. 可燃金属火灾

D. 可燃固体深位火灾

4. 全淹没干粉灭火系统的干粉喷射时间不应大于（　　）s。

A. 30

B. 60

C. 90

D. 120

5. 某单位设有一套全淹没干粉灭火系统，下列设置错误的是（　　）。

A. 干粉喷射时间 25 s

B. 防护区底面不能自动关闭的开口，总面积为该防护区总内表面积的 10%

C. 防护区门窗的耐火极限为 1 h，吊顶的耐火极限为 0.5 h

D. 保护 5 个防护区和对象

6. 采用局部应用干粉灭火系统时，保护对象周围的空气流动速度不应大于（　　）m/s，必要时应采取挡风措施。

A. 2

B. 3

C. 5

D. 10

7. 预制干粉灭火系统，一个防护区或保护对象所用预制灭火装置最多不得超过（　　）套，并应同时启动，其动作响应时差不得大于（　　）s。

A. 2，2

B. 4，2

C. 6，3

D. 8，3

8. 对于干粉灭火系统预制灭火装置的规定，正确的是（　　）。

A. 预制灭火装置灭火剂储存量不得大于 200 kg，管道长度不得大于 15 m，工作压力不得大于 2.5 MPa

B. 一个防护区或保护对象宜用一套预制灭火装置保护

C. 一个防护区或保护对象所用预制灭火装置最多不得超过 2 套，并应同时启动，其动作响应时间差不得大于 2 s

D. 预制灭火装置应设机械应急操作启动方式

9. 组合分配干粉灭火系统中，当防护区与保护对象之和超过（　　）个时，或者在喷放后（　　）h 内不能恢复到正常工作状态时，灭火剂应有备用量。

A. 4，24

B. 5，24

C. 4，48

D. 5，48

10. 组合分配式干粉灭火系统保护的防护区与保护对象之和不应超过（　　）个。

A. 5

B. 3

C. 10

D. 8

11. 下列有关干粉灭火系统的设计参数，不正确的是（　　）。

A. 防护区吊顶的耐火极限为 0.25 h

B. 全淹没灭火系统的设计浓度为 0.5 kg/m^3

C. 室外局部应用灭火系统的干粉喷射时间为 80 s

D. 预制干粉灭火装置工作压力为 2 MPa

项目五　系统组件及其设置要求

1. 下列关于干粉灭火系统组件及其设置要求的说法中，正确的是（　　）。

A. 储存装置的驱动气体应选用压缩空气

B. 储存装置可设在耐火等级为三级的房间内

C. 干粉储存容器设计压力可取 1.6 MPa 或 2.5 MPa 压力级

D. 驱动压力应大于储存容器的最高工作压力

2. 干粉储存装置宜设在专用的储存间内，下列关于储存间的说法中不正确的是（　　）。

A. 储存间应靠近防护区

B. 储存间出口应直接通向室外或疏散通道

C. 储存间的耐火等级应为一级

D. 储存间内宜保持干燥并通风良好

3. 全淹没系统干粉灭火剂喷射时间一般不大于（　　），干粉贮罐的增压时间也不大于（　　）。

A. 30 s，30 s

B. 20 s，30 s

C. 30 s，20 s

D. 25 s，25 s

4. 全淹没干粉灭火系统的灭火剂设计浓度不得小于（　　）。

A. 0.5 kg/m^3

B. 0.55 kg/m^3

C. 0.65 kg/m^3

D. 6.5 kg/m^3

5. 干粉灭火系统的防护区应设泄压口，并宜设在外墙上，其高度应大于防护区净高的（　　）。

A. 1/3

B. 2/3

C. 1/4

D. 1/2

6. 关于干粉灭火系统的说法，正确的是（　　）。

A. 管道分支不应使用四通管件

B. 干粉储存器设计压力可取 2.5 MPa 或 4.2 MPa 压力级

C. 官网中阀门之间的封闭管段不应设置任何开口和装置

D. 干粉储存容器的装量系数不应大于 0.75

综合测试三

一、单选题

1. 干粉灭火系统有（　　）种启动方式。
   A. 1
   B. 2
   C. 3
   D. 4

2. 泡沫层能阻止燃烧区的热量作用于燃烧物质的表面，因此可防止可燃物本身和附近可燃物质的燃烧，泡沫灭火系统灭火机理有（　　）。
   A. 隔氧窒息作用
   B. 辐射热阻隔作用
   C. 乳化阻隔作用
   D. 吸热冷却作用

3. 气体灭火系统的灭火剂不同其适用范围也各不相同，其中二氧化碳不可扑灭的是（　　）。
   A. 固体表面火灾
   B. 液体火灾
   C. 可切断气源的气体
   D. 金属镁火灾

4. 选择阀按（　　）可分为气动启动型、电磁启动型、电爆启动型和组合启动型。
   A. 用途
   B. 密封形式
   C. 结构形式
   D. 启动方式

5. 预制干粉灭火系统，一个防护区或保护对象所用预制灭火装置最多不得超过（　　）套，并应同时启动，其动作响应时差不得大于（　　）s。
   A. 2.2
   B. 4.2

C. 6.3

D. 8.3

6. 在二氧化碳灭火系统中，选择阀的工作压力：高压系统不应小于（　　），低压系统不应小于 2.5 MPa。

A. 9 MPa

B. 10 MPa

C. 12 MPa

D. 15 MPa

7. 高压式储存的二氧化碳灭火系统管网起点计算压力（绝对压力）为（　　）。

A. 1.00 MPa

B. 1.40 MPa

C. 2.07 MPa

D. 5.17 MPa

8. 下列关于干粉灭火系统组件及其设置要求的说法中，正确的是（　　）。

A. 储存装置的驱动气体应选用压缩空气

B. 储存装置可设在耐火等级为三级的房间内

C. 干粉储存容器设计压力可取 1.6 MPa 或 2.5 MPa 压力级

D. 驱动压力应大于储存容器的最高工作压力

9. 干粉储存装置宜设在专用的储存间内，下列关于储存间的说法中不正确的是（　　）。

A. 储存间应靠近防护区

B. 储存间出口应直接通向室外或疏散通道

C. 储存间的耐火等级应为一级

D. 储存间内宜保持干燥并通风良好

10. 七氟丙烷储存容器或容器阀以及组合分配系统集流管上的安全泄压装置的动作压力，下列不符合规定的是（　　）。

A. 储存容器增压压力为 2.5 MPa 时，应为（5.0±0.25）MPa（表压）

B. 储存容器增压压力为 4.2 MPa，最大充装量为 950 kg/m^3时，应为（7.0±0.35）MPa（表压）；最大充装量为 1 120 kg/m^3时，应为（8.4±0.42）MPa（表压）

C. 储存容器增压压力为 5.6 MPa 时，应为（10.0±0.50）MPa（表压）

D. 储存容器增压压力为 6.4 MPa 时，应为（12.0±0.50）MPa（表压）

11. 泡沫灭火系统按系统结构可分为固定泡沫灭火系统、半固定泡沫灭火系统、移动泡沫灭火系统。半固定灭火系统是指（　　）。

A. 采用泡沫枪、固定泡沫设施和固定消防水泵供应泡沫混合液的灭火系统

B. 泡沫产生器与部分连接管道连接，固定消防水泵供应泡沫混合液的灭火系统

C. 泡沫产生器和部分连接管道固定，采用泡沫消防车或机动消防泵，用水带供应泡沫混合液的灭火系统

D. 采用泡沫枪、泡沫液由消防车供应，水由固定消防泵供应的灭火系统

12. 组合分配系统是用（　　）气体灭火剂储存装置通过管网的选择分配，保护（　　）及以上防护区的灭火系统。

A. 一套，两个

B. 两套，一个

C. 一套，一个

D. 两套，两个

13. 手动控制装置和手动与自动转换装置应设在防护区疏散出口的门外便于操作的地方，安装高度为中心点距地面（　　）m。

A. 1.3

B. 1.4

C. 1.5

D. 1.7

14. 新建一个内浮顶原油储罐，容量为 6 000 m^3，采用中倍数泡沫灭火系统时，宜选用（　　）泡沫灭火系统。

A. 固定

B. 移动

C. 半固定

D. 半移动

15. 常用的普通干粉灭火剂不能用于扑灭（　　）火灾。

A. B 类

B. C 类

C. D 类

D. E 类

16. 可用于扑灭 D 类火灾的干粉灭火剂是（　　）。

A. 以碳酸氢钠为基料的钠盐干粉灭火剂
B. 以硫酸钾为基料的钾盐干粉灭火剂
C. 以磷酸盐为基料的干粉灭火剂
D. 以氯化钠为基料的干粉灭火剂

17. 采用自动控制启动方式的气体灭火系统，根据人员安全撤离防护区的需要，应有不大于（　　）s 的可控延迟喷射。
A. 30
B. 60
C. 90
D. 120

18. 关于外浮顶储罐泡沫堰板的设计，当泡沫喷射口设置在罐壁质部时，泡沫堰板与罐壁的间距不应小于（　　）m。
A. 0.2
B. 0.4
C. 0.6
D. 0.8

19. 高倍数泡沫的供给速率应按淹没或覆盖保护对象的时间不应大于(　　) min 来确定。
A. 0.5
B. 1
C. 2
D. 3

20. 一个区域有几个保护对象，且每个保护对象发生火灾后又不会蔓延时，可选用（　　）即应用一套系统同时保护多个保护对象。
A. 组合分配系统
B. 预制型系统
C. 全淹没式系统
D. 单元独立系统

21. 关于固定顶储罐泡沫灭火系统设计的说法，下列错误的是（　　）。
A. 固定顶储罐的保护面积应按罐壁的表面积确定
B. 非水溶性液体储罐液下或半液下喷射系统，其泡沫混合液供给强度不应小于 5.0 L/（min・m^2）、连续供给时间不应小于 40 min
C. 储罐上液上喷射系统每个泡沫产生器应用独立的混合液管道引至防

火堤外

D. 储罐上液上喷射系统除立管外，其他泡沫混合液管道不得设置在罐壁上

22. 某电信大楼的机房设置 IG541 预制灭火系统保护。则防护区围护结构及门窗的耐火极限均不宜低于（　　）h；吊顶的耐火极限不宜低于（　　）h。

A. 0.25，0.5

B. 0.5，0.25

C. 0.5，1.0

D. 1.0，0.5

23. 下列关于高倍数泡沫产生器的说法，错误的是（　　）。

A. 进口压力应在标定的工作压力范围内

B. 出口压力应大于泡沫罐内液体静压力

C. 发泡倍数不应小于 2

D. 发泡倍数不应大于 4

24. 气体灭火系统灭火后通信机房、电子计算机房等场所的通风换气次数应不小于（　　）次/h。

A. 4

B. 5

C. 6

D. 10

25. 关于泡沫产生装置的说法，下列不正确的是（　　）。

A. 高背压泡沫产生器的发泡倍数不应小于 20，且不应大于 200

B. 中倍数泡沫产生器的发泡网应采用不锈钢材料

C. 高倍数泡沫产生器在防护区内设置并利用热烟气发泡时，应选用水力驱动型泡沫产生器

D. 固定顶储罐当选择低倍数泡沫产生器时，宜采用立式泡沫产生器

26. 防护区实际应用的七氟丙烷浓度不应大于灭火设计浓度的（　　）倍。

A. 1.1

B. 1.2

C. 1.3

D. 1.4

27. 两个或两个以上的防护区采用组合分配式气体灭火系统时，一个组合分配系统所保护的防护区不应超过（　　）个。

A. 10

B. 4

C. 6

D. 8

28. 防护区的划分应根据封闭空间的结构特点和位置来划分。其中，采用预制灭火系统时，一个防护区的面积不宜大于（　　）m^2。

A. 300

B. 500

C. 800

D. 1 600

29. 七氟丙烷灭火系统保护图书、档案、票据和文物资料库等防护区时，其灭火设计浓度宜采用（　　）。

A. 10%

B. 9%

C. 8%

D. 5%

30. 某 5 层数据计算机房，层高 5 m。每层有 1 200 m^2 的大空间计算机用房。设置 IG541 组合分配气体灭火系统保护，该建筑的气体灭火系统防护区最少应划分为（　　）个。

A. 5

B. 6

C. 8

D. 10

31. 七氟丙烷储存容器的增压压力宜分为三级，下列不符合规定的是(　　)。

A. 一级（2.5+0.1）MPa（表压）

B. 二级（4.2+0.1）MPa（表压）

C. 三级（6.4+0.1）MPa（表压）

D. 三级（5.6+0.1）MPa（表压）

二、多选题

1. 泡沫灭火系统按发泡倍数分为（　　）。

A. 低倍数泡沫灭火系统

B. 中低倍数泡沫灭火系统
C. 中倍数泡沫灭火系统
D. 高倍数泡沫灭火系统
E. 特高倍数泡沫灭火系统

2. 关于泡沫灭火系统，下列说法正确的是（　　）。
A. 高倍数泡沫灭火系统是指发泡倍数大于 200 的泡沫灭火系统
B. 低倍数泡沫灭火系统是指发泡倍数小于 20 的泡沫灭火系统
C. 中倍数泡沫灭火系统是指发泡倍数为 20 ~ 200 的泡沫灭火系统
D. 低倍数泡沫灭火系统是甲、乙、丙类液体储罐及石油化工装置等场所的首选灭火系统
E. 中倍数泡沫灭火系统是甲、乙、丙类液体储罐及石油化工装置等场所的首选灭火系统

3. 泡沫灭火系统按系统结构分为（　　）。
A. 全淹没式
B. 局部应用式
C. 固定式
D. 半固定式
E. 移动式

4. 泡沫产生装置的作用是将泡沫混合液与空气混合形成空气泡沫，输送至燃烧物的表面上，分为（　　）。
A. 低倍数泡沫产生器
B. 高背压泡沫产生器
C. 高倍数泡沫产生器
D. 中倍数泡沫产生器
E. 中背压泡沫产生器

5. 气体灭火系统因灭火剂不同其适用范围也各不相同，其中二氧化碳和七氟丙烷灭火系统均可扑灭的是（　　）。
A. 固体表面火灾
B. 液体火灾
C. 可切断气源的气体火灾
D. 电气火灾
E. 金属火灾

6. 下列关于二氧化碳气体灭火系统的叙述中，正确的有（　　）。

A. 全淹没灭火系统二氧化碳灭火系统设计浓度不应小于灭火浓度的 1.7 倍，并不得低于 34%

B. 全淹没灭火系统二氧化碳的喷放时间不应大于 1 min

C. 当扑救固体深位火灾时，喷放时间不应大于 7 min，并应在前 2 min 内使二氧化碳的浓度达到 30%

D. 局部应用灭火系统的二氧化碳喷射时间不应小于 0.5 min

E. 对于燃点温度低于沸点温度的液体和可熔化固体的火灾，采用局部应用灭火系统的二氧化碳的喷射时间不应小于 2 min

7. 当二氧化碳灭火系统采用面积法设计时，下列说法不符合规定的是(　　)。

A. 保护对象计算面积应取被保护表面整体的水平投影面积

B. 架空型喷头应以喷头的出口至保护对象表面的距离确定设计流量和相应的正方形保护面积

C. 槽边型喷头的布置宜垂直于保护对象的表面，其瞄准点应是喷头保护面积的中心

D. 槽边型喷头保护面积应由设计选定的喷头设计流量确定

E. 当架空型喷头确需非垂直布置时，喷头的安装角不应小于 55°

8. 下列关于二氧化碳气体灭火系统储存装置的相关叙述中，不正确的是(　　)。

A. 高压二氧化碳储存装置的环境温度应为 0℃～49℃，低压二氧化碳储存装置的环境温度应为–20℃～49℃

B. 高压二氧化碳储存容器的工作压力不应小于 15 MPa，泄压装置的泄压动作压力应为 19 MPa±0.95 MPa

C. 低压二氧化碳储存容器的设计压力不应小于 2.5 MPa，储存容器上至少应设置两套安全泄压装置，其泄压动作压力应为 2.38 MPa±0.12 MPa

D. 系统在启动时，容器阀应在二氧化碳储存容器的选择阀打开之前或同时动作

E. 组合分配系统中，选择阀可采用电动、气动或机械操作方式，选择阀的工作压力；高压系统不应小于 10 MPa，低压系统不应小于 2.5 MPa

9. 某单位的图书馆书库采用无管网七氟丙烷气体灭火装置进行防护，委托消防检测机构对该气体灭火系统进行检测。下列检测结果中，符合现行国家消防技术标准要求的有（　　）。

A. 系统仅设置自动控制、手动控制两种启动方式

B. 防护区门口未设手动与自动控制的转换装置

C. 防护区内设置 12 台预制灭火装置

D. 人员离开后，气体灭火系统采用自动控制方式

E. 储存容器的充装压力为 2.2 MPa

10. 下列关于气体灭火系统管道安装的说法，不正确的有（　　）。
A. 输送气体灭火剂的管道应采用无缝钢管
B. 管道的连接，当公称直径小于 100 mm 时，宜采用螺纹连接
C. 输送启动气体的管道，宜采用铜管
D. 输送气体灭火剂的管道安装在腐蚀性较大的环境里，宜采用铜管
E. 管道的连接，当公称直径大于 100 mm 时，宜采用法兰连接

11. 气体灭火系统一般由（　　）组成。
A. 灭火剂储存装置
B. 启动分配装置
C. 输送释放装置
D. 监控装置
E. 控制阀

12. 二氧化碳灭火作用在于（　　）。
A. 窒息
B. 冷却
C. 侵湿
D. 乳化
E. 隔离

13. 二氧化碳灭火系统可适用于扑救（　　）。
A. 一般固体物质的表面火灾
B. 可熔化的固体火灾
C. 可切断气源的气体火灾
D. 带电设备与电气线路的火灾
E. 含氧化剂的混合物火灾

14. 下列灭火剂中，在灭火过程中含有窒息灭火机理的有（　　）。
A. 二氧化碳
B. 泡沫
C. 水喷雾
D. 直流水
E. 氮气

15. 气体灭火系统因灭火剂不同其适用范围也各不相同，其中二氧化碳和七氟丙烷灭火系统均可扑灭的是（　　）。

A. 固体火灾
B. 液体火灾
C. 可切断气源的气体火灾
D. 电气火灾
E. 金属火灾

16. 七氟丙烷灭火系统可适用于扑救（　　）。
A. 一般固体表面火灾
B. 液体火灾
C. 可切断气源的气体火灾
D. 电气火灾
E. 活泼金属火灾

17. 某计算机房设置二氧化碳组合分配灭火系统。下列说法正确的是（　　）。
A. 该灭火系统应设置自动控制、手动控制和机械应急操作三种启动方式
B. 机械应急操作装置设在储瓶间内或防护区疏散出口门外便于操作的地方
C. 自动控制装置应在接到两个独立的火灾信号后才能启动
D. 选择阀应在容器阀开启后或同时打开
E. 专用的储存容器间耐火等级不应低于二级

18. 气体灭火系统按系统的结构特点分为（　　）。
A. 管网灭火系统
B. 全淹没灭火系统
C. 无管网灭火系统
D. 外储压式灭火系统

19. 气体灭火系统按应用方式分为（　　）。
A. 管网灭火系统
B. 全淹没灭火系统
C. 自压式灭火系统
D. 局部应用灭火系统
E. 外储压式灭火系统

20. 气体灭火系统按加压方式分为（　　）。
A. 内储压式气体灭火系统
B. 全淹没灭火系统
C. 自压式气体灭火系统

D. 局部应用灭火系统
E. 外储压式气体灭火系统

21. 多用途干粉灭火剂可用于扑灭（　　）火灾。
A. A类
B. B类
C. C类
D. D类
E. E类

22. 下列属于干粉灭火剂灭火机理的是（　　）。
A. 冷却与窒息作用
B. 浸湿作用
C. 隔离作用
D. 化学抑制作用
E. 乳化作用

23. 干粉灭火系统按灭火方式可分为（　　）。
A. 全淹没系统
B. 预测型系统
C. 组合分配系统
D. 单元独立系统
E. 局部应用系统

24. 干粉灭火系统按系统保护情况可分为（　　）。
A. 全淹没式系统
B. 预制型系统
C. 组合分配系统
D. 单元独立系统
E. 储气式系统

25. 下列干粉灭火系统的说法正确的是（　　）。
A. 干粉储存容器设计压力可取 2.5 MPa 压力级
B. 驱动气体宜选用二氧化碳
C. 驱动气体宜选用氮气
D. 驱动压力不得大于干粉储存容器的最高工作压力
E. 组合分配系统保护的防护区与保护对象之和不得超过 10 个

答案及解析

模块一

项目一

1. 答案：A

【解析】烟气的流动速度主要与火灾现场的发热量有关。发热量越大，烟气温度越高，流动的速度也就越快；发热量越小，烟气温度越低，流动的速度也就越慢。

2. 答案：C

【解析】竖向管井与通道、共享空间、玻璃幕墙缝隙等部位，易产生烟囱效应，让火势蔓延更加迅速。

3. 答案：A

【解析】目前我国大多数登高消防车的最大工作高度均在 100m 以内。

4. 答案：C

【解析】建筑火灾与其他火灾相比，具有火势蔓延迅速、火灾扑救困难、容易造成人员伤亡事故和经济损失严重的特点。

5. 答案：B

【解析】建筑按照使用性质可以分为农业建筑、工业建筑、民用建筑。

6. 答案：C

【解析】商业服务网点是设置在住宅建筑的首层或首层及二层，每个分隔单元建筑面积不大于 300 m^2 的商店、邮政所、储蓄所、理发店等小型营业性用房。

7. 答案：B

【解析】对于住宅建筑，以 27 m 作为区分多层和高层住宅建筑的标准；对于高层住宅建筑，以 54 m 作为区分一类和二类的标准。

8. 答案：C

【解析】建筑高度大于 50 m 的非单层公共建筑属于一类高层公共建筑。

9. 答案：A

【解析】建筑高度 24 m 以上部分，任一楼层建筑面积大于 1 000 m^2 的商店、展览、电信、邮政、财贸金融建筑和其他多种功能组合的建筑为一类高层公共建筑。

10. 答案：B

【解析】藏书超过 100 万册的图书馆、书库为一类高层公共建筑（前提是建筑高度大于 24 m）。

11. 答案：B

【解析】将建筑高度超过 100 m 的高层建筑称为超高层建筑。

12. 答案：C

【解析】闪点小于 28℃的液体火灾危险性类别属于甲类。

13. 答案：D

【解析】植物油加工厂的精炼部位的火灾危险性属于丙类，橡胶制品的涂胶和胶浆部位、农药厂乐果厂房、植物油加工厂的浸出车间的火灾危险性属于甲类。

14. 答案：A

【解析】乙炔站的火灾危险性属于甲类，氧气站、空分厂房、高锰酸钾厂房的火灾危险性属于乙类。

15. 答案：B

【解析】同一座厂房或厂房的任一防火分区内有不同火灾危险性生产时，厂房或防火分区内的生产火灾危险性类别应按火灾危险性较大的部分确定；当生产过程中使用或产生易燃、可燃物的量较少，不足以构成爆炸或火灾危险时，可按实际情况确定；当符合下述条件之一时，可按火灾危险性较小的部分确定：（1）火灾危险性较大的生产部分占本层或本防火分区建筑面积的比例小于 5%或丁、戊类厂房内的油漆工段小于 10%，且发生火灾事故时不足以蔓延至其他部位或火灾危险性较大的生产部分采取了有效的防火措施；（2）丁、戊类厂房内的油漆工段，当采用封闭喷漆工艺，封闭喷漆空间内保持负压、油漆工段设置可燃气体探测报警系统或自动抑爆系统，且油漆工段占所在防火分区建筑面积的比例不大于 20%。

16. 答案：C

【解析】同一座仓库或仓库的任一防火分区内储存不同火灾危险性物品时，仓库或防火分区的火灾危险性应按火灾危险性最大的物品确定。陶瓷器具（戊类）、玻璃制品（戊类）、塑料玩具（丙类）、自行车（丙类）。

17. 答案：A

【解析】丁、戊类储存物品仓库的火灾危险性，当可燃包装重量大于物品本身重量 1/4 或可燃包装体积大于物品本身体积的 1/2 时，应按丙类确定。

18. 答案：C

【解析】局部凸出屋顶的瞭望塔、冷却塔、水箱间、微波天线间或设施、电梯机房、排风和排烟机房以及楼梯出口小间等辅助用房占屋面面积不大于 1/4 者，可不计入建筑高度。

19. 答案：B

【解析】对于住宅建筑，设置在底部且室内高度不大于 2.2 m 的自行车库、储藏室、敞开空间，室内外高差或建筑的地下或半地下室的顶板面高出室外设计地面的高度不大于 1.5 m 的部分，可不计入建筑高度。

项目二

1. 答案：B

【解析】我国把建筑构件按其燃烧性能分为三类，即不燃性构件、难燃性构件和可燃性构件。

2. 答案：C

【解析】二级耐火等级建筑内采用不燃烧材料的吊顶，其耐火极限不限。二级耐火等级吊顶：难燃性，0.25 h。

3. 答案：A

【解析】甲、乙类厂房和甲、乙、丙类仓库内的防火墙，其耐火极限不应低于 4.00 h。

4. 答案：B

【解析】一、二级耐火等级单层厂房（仓库）的柱，其耐火极限分别不应低于 2.50 h 和 2.00 h。

5. 答案：C

【解析】一、二级耐火等级厂房（仓库）的上人平屋顶，其屋面板的耐火极限分别不应低于 1.50 h 和 1.00 h。

6. 答案：D

【解析】除甲、乙类仓库和高层仓库外，一、二级耐火等级建筑的非承重外墙，当采用不燃性墙体时，其耐火极限不应低于 0.25 h；当采用难燃性墙体时，不应低于 0.50 h。

7. 答案：D

【解析】二级耐火等级多层厂房和多层仓库内采用预应力混凝土的楼板，其耐火极限不应低于 0.75 h。

8. 答案：A

【解析】民用建筑的耐火等级应根据其建筑高度、使用功能、重要性和火灾扑救难度等确定，并应符合下列规定：（1）地下或半地下建筑（室）和一类高层建筑的耐火等级不应低于一级；（2）单、多层重要公共建筑和二类高层建筑的耐火等级不应低于二级。

9. 答案：B

【解析】建筑高度大于 100 m 的民用建筑，其楼板的耐火极限不应低于 2.00 h。

10. 答案：C

【解析】二级耐火等级多层住宅建筑内采用预应力混凝土的楼板，其耐火极限不应低于 0.75 h。

11. 答案：D

【解析】三级耐火等级的医疗建筑、中小学校的教学建筑、老年人照料设施及托儿所、幼儿园的儿童用房和儿童游乐厅等儿童活动场所的吊顶，应采用不燃材料；当采用难燃材料时，其耐火极限不应低于 0.25 h。

12. 答案：D

【解析】民用建筑的耐火等级应根据其建筑高度、使用功能、重要性和火灾扑救难度等确定，并应符合下列规定：（1）地下或半地下建筑（室）和一类高层建筑的耐火等级不应低于一级。C 正确、D 错误。（2）单、多层重要公共建筑和二类高层建筑的耐火等级不应低于二级。AB 正确。

项目三

1. 答案：C

【解析】建筑防火分隔设施是指能在一定时间内把火势控制在一定空间内，有效阻止其蔓延扩大的一系列分隔设施。

2. 答案：A

【解析】消防给水设施是建筑消防给水系统的重要组成部分，其主要功能是为建筑消防给水系统储存并提供足够的消防水量和水压，确保消防给水系统的供水安全可靠。

3. 答案：B

【解析】消防供配电系统主要包括：消防电源、消防配电箱、线路等。消防配电箱是从消防电源到消防用电设备的中间环节。

4. 答案：D

【解析】火灾自动报警系统按应用范围可分为区域报警系统、集中报警系统和控制中心报警系统三类。

项目四

1. 答案：C

【解析】建筑消防设施的安装单位应具备相应等级的专业施工资质，并按图施工，确保工程质量符合相关技术标准要求。

2. 答案：A

【解析】配置火灾自动报警系统的单位应当与城市火灾自动报警信息系统联网，并确保其正常运行。

3. 答案：D

【解析】建筑消防设施管理职责包括：各级政府及相关部门职责、单位自主管理职责、消防监督管理职责。

模块二

项目一

1. 答案：A

【解析】消防水源应符合下列规定：市政给水、消防水池、天然水源等可作为消防水源，并宜采用市政给水；雨水清水池、中水清水池、水景和游泳池可作为备用消防水源。

2. 答案：C

【解析】消防水源：向水灭火设施、车载或手抬等移动消防水泵、固定消防水泵等提供消防用水的水源。包括市政给水、消防水池、高位消防水池和天然水源等。注意：消防水源中不包括高位消防水箱。

3. 答案：B

【解析】用作两路消防供水的市政给水管网应符合下列要求：市政给水厂应至少两条输水干管向市政给水管网输水；市政给水管网应为环状管网；应至少有两条不同的市政给水干管上不少于两条引入管向消防给水系统供水。（注：三款应同时满足，才算两路供水。）

4. 答案：C

【解析】符合下列规定之一时，应设置消防水池：（1）当生产、生活用水量达到最大时，市政给水管网或入户引入管不能满足室内、室外消防给水设计流量；（2）当采用一路消防供水或只有一条入户引入管，且室外消火栓设计流量大于 20L/s 或建筑高度大于 50 m 时；（3）市政消防给水设计流量小于建筑室内外消防给水设计流量。

5. 答案：D

【解析】消防水池进水管应根据其有效容积和补水时间确定。补水时间不宜超过 48 h。

6. 答案：A

【解析】当消防水池采用两路消防供水且在火灾情况下连续补水能满足消防要求时，消防水池的有效容积应根据计算确定，但不应小于 100 m^3，当仅设有消火栓系统时不应小于 50 m^3。

7. 答案：C

【解析】储存室外消防用水的消防水池或供消防车取水的消防水池，应符合下列规定：（1）消防水池应设置取水口（井），且吸水高度不应大于 6.0 m；（2）取水口（井）与建筑物（水泵房除外）的距离不宜小于 15 m；（3）取水口（井）与甲、乙、丙类液体储罐等构筑物的距离不宜小于 40 m；（4）取水口（井）与液化石油气储罐的距离不宜小于 60 m，当采取防止辐射热保护措施时，可为 40 m。

8. 答案：D

【解析】当天然水源等作为消防水源时，应符合下列规定：当地表水作为室外消防水源时，应采取确保消防车、固定和移动消防水泵在枯水位取水的技术措施；当消防车取水时，最大吸水高度不应超过 6.0 m。

9. 答案：C

【解析】消防水池的总蓄水有效容积大于 500 m^3时，宜设两格能独立使用的消防水池；当大于 1 000 m^3时，应设置能独立使用的两座消防水池。每格（或座）消防水池应设置独立的出水管，并应设置满足最低有效水位的连通管，且其管径应能满足消防给水设计流量的要求。

10. 答案：D

【解析】消防水池的总蓄水有效容积大于 500 m^3时，宜设两格能独立使用的消防水池；当大于 1 000 m^3时，应设置能独立使用的两座消防水池。每格（或座）消防水池应设置独立的出水管，并应设置满足最低有效水位的连通管，且其管径应能满足消防给水设计流量的要求。

11. 答案：D

【解析】消防水泵吸水口的淹没深度应满足消防水泵在最低水位运行安全的要求，吸水管喇叭口在消防水池最低有效水位下的淹没深度应根据吸水喇叭口的水流速度和水力条件确定，但不应小于 600 mm；当采用旋流防止器时，淹没深度不应小于 200 mm。

12. 答案：C

【解析】储存室外消防用水的消防水池或供消防车取水的消防水池，应符合下列规定：取水口（井）与水泵房的距离不限。

13. 答案：C

【解析】取水口（井）与甲、乙、丙类液体储罐等构筑物的距离不宜小于 40 m。

14. 答案：D

【解析】储存室外消防用水的消防水池或供消防车取水的消防水池，应符合下列规定：取水口（井）与液化石油气储罐的距离不宜小于 60 m；当采取防止辐射热保护措施时，可为 40 m。

项目二

1. 答案：D

【解析】消防水泵应设置备用泵，其性能应与工作泵性能一致。但下列建筑除外：

（1）建筑高度小于 54 m 的住宅和室外消防给水设计流量小于等于 25 L/s 的建筑；（2）室内消防给水设计量流小于等于 10 L/s 的建筑。

2. 答案：D

【解析】消防水泵零流量时的压力不应大于设计工作压力的 140%，且宜大于设计工作压力的 120%，即 0.9×（1.2～1.4）=1.08～1.26（MPa）。

3. 答案：D

【解析】柴油机消防水泵的供油箱应根据火灾延续时间确定，且油箱最小有效容积应按 1.5 L/kW 配置，柴油机消防水泵油箱内储存的燃料不应小于 50%的储量。

4. 答案：B

【解析】轴流深井泵宜安装于水井、消防水池和其他消防水源上，并应符合下列规定：轴流深井泵安装于水井时，其淹没深度应满足其可靠运行的要求，在水泵出流量为 150%设计流量时，其最低淹没深度应是第一个水泵叶轮底部水位线以上不少于 3.20 m，且海拔每增加 300 m，深井泵的最低淹没深度应至少增加 0.30 m。

5. 答案：C

【解析】轴流深井泵安装在消防水池等消防水源上时，其第一个水泵叶轮底部应低于消防水池的最低有效水位线，且淹没深度应根据水力条件经计算确定，并应满足消防水池等消防水源有效储水量或有效水位能全部被利用的要求；当水泵设计流量大于 125 L/s 时，应根据水泵性能确定淹没深度，并应满足水泵气蚀余量的要求。

6. 答案：B

【解析】消防给水同一泵组的消防水泵型号宜一致，且工作泵不宜超过 3 台。

7. 答案：D

【解析】消防水泵吸水应符合下列规定：（1）消防水泵应采取自灌式吸水；（2）消防水泵从市政管网直接抽水时，应在消防水泵出水管上设置有空气隔断的倒流防止器；（3）当吸水口处无吸水井时，吸水口处应设置旋流防止器。

8. 答案：C

【解析】单台消防水泵的最小额定流量不应小于 10 L/s，最大额定流量不宜大于 320L/s。

9. 答案：A

【解析】消防水泵的选择和应用应符合下列规定：流量扬程性能曲线应为无驼峰、无拐点的光滑曲线，零流量时的压力不应大于设计工作压力的 140%，且宜大于设计工作压力的 120%；当出流量为设计流量的 150%时，其出口压力不应低于设计工作压力的 65%。

10. 答案：D

【解析】消防水泵的选择和应用应符合下列规定：流量扬程性能曲线应为无驼峰、无拐点的光滑曲线，零流量时的压力不应大于设计工作压力的 140%，且宜大于设计工作压力的 120%；当出流量为设计流量的 150%时，其出口压力不应低于设计工作压力的 65%。

11. 答案：D

【解析】消防水泵的吸水管上应设置明杆闸阀或带自锁装置的蝶阀，但当设置暗杆闸门时应设有开启刻度和标志；当管径超过 DN300 时，宜设置电动阀门。

12. 答案：A

【解析】消防水泵吸水管的直径小于 DN250 时，其流速宜为 1.0 m/s ~ 1.2 m/s；直径大于 DN250 时，宜为 1.2 m/s ~ 1.6 m/s。

13. 答案：B

【解析】消防水泵吸水管可设置管道过滤器，管道过滤器的过水面积应大于管道过水面积的 4 倍，且孔径不宜小于 3 mm。

14. 答案：D

【解析】消防水泵出水管的直径小于 DN250 时，其流速宜为 1.5 m/s ~

2.0 m/s；直径大于 DN250 时，宜为 2.0 m/s ~ 2.5 m/s。

15. 答案：A

【解析】消防水泵出水管上应安装消声止回阀、控制阀和压力表；系统的总出水管上还应安装压力表和压力开关；安装压力表时应加设缓冲装置。压力表和缓冲装置之间应安装旋塞；压力表量程在没有设计要求时，应为系统工作压力的 2 倍 ~ 2.5 倍。

16. 答案：C

【解析】消防水泵吸水管和出水管上应设置压力表，并应符合下列规定：（1）消防水泵出水管压力表的最大量程不应低于其设计工作压力的 2 倍，且不应低于 1.60 MPa；（2）消防水泵吸水管宜设置真空表、压力表或真空压力表，压力表的最大量程应根据工程具体情况确定，但不应低于 0.70 MPa，真空表的最大量程宜为–0.10 MPa；（3）压力表的直径不应小于 100 mm，应采用直径不小于 6 mm 的管道与消防水泵进出口管相接，并应设置关断阀门。

17. 答案：A

【解析】消防水泵吸水管宜设置真空表、压力表或真空压力表，压力表的最大量程应根据工程具体情况确定，但不应低于 0.70 MPa，真空表的最大量程宜为–0.10 MPa。

18. 答案：C

【解析】消防水泵吸水管和出水管上应设置压力表，并应符合下列规定：压力表的直径不应小于 100 mm，应采用直径不小于 6 mm 的管道与消防水泵进出口管相接，并应设置关断阀门。

19. 答案：D

【解析】一组消防水泵应在消防水泵房内设置流量和压力测试装置，并应符合下列规定：（1）单台消防给水泵的流量不大于 20 L/s、设计工作压力不大于 0.50 MPa 时，泵组应预留测量用流量计和压力计接口，其他泵组宜设置泵组流量和压力测试装置；（2）消防水泵流量检测装置的计量精度应为 0.4 级，最大量程的 75%应大于最大一台消防水泵设计流量值的 175%；（3）消防水泵压力检测装置的计量精度应为 0.5 级，最大量程的 75%应大于最大一台消防水泵设计压力值的 165%；（4）每台消防水泵出水管上应设置 DN65 的试水管，并应采取排水措施。

20. 答案：A

【解析】消防水泵流量检测装置的计量精度应为 0.4 级，最大量程的 75%应大于最大一台消防水泵设计流量值的 175%。

21. 答案：B

【解析】下列情况下可不设备用泵：（1）建筑高度小于 54 m 的住宅和室外消防给水设计流量小于或等于 25 L/s 时；（2）建筑的室内消防给水设计流量小于或等于 10 L/s 的建筑。

22. 答案：D

【解析】消防水泵宜根据可靠性、安装场所、消防水源、消防给水设计流量和扬程等综合因素确定水泵的形式，水泵驱动器宜采用电动机或柴油机直接传动，消防水泵不应采用双电动机或基于柴油机等组成的双动力驱动水泵。消防水泵的选择和应用应符合下列规定：（1）消防水泵的性能应满足消防给水系统所需流量和压力的要求；（2）消防水泵所配驱动器的功率应满足所选水泵流量扬程性能曲线上任何一点运行所需功率的要求；（3）当采用电动机驱动的消防水泵时，应选择电动机干式安装的消防水泵。

23. 答案：A

【解析】当采用柴油机消防水泵时应符合下列规定：（1）柴油机消防水泵应采用压缩式点火型柴油机；（2）柴油机的额定功率应校核海拔和环境温度对柴油机功率的影响；（3）柴油机消防水泵应具备连续工作的性能，试验运行时间不应小于 24 h；（4）柴油机消防水泵的蓄电池应保证消防水泵随时自动启泵的要求；（5）柴油机消防水泵的供油箱应根据火灾延续时间确定，且油箱最小有效容积应按 1.5 L/kW 配置，柴油机消防水泵油箱内储存的燃料不应小于 50%的储量。

24. 答案：D

【解析】采用减压阀减压分区供水时应符合下列规定：减压阀应根据消防给水设计流量和压力选择，且设计流量应在减压阀流量压力特性曲线的有效段内，并校核在 150%设计流量时，减压阀的出口动压不应小于设计值的 65%。

25. 答案：B

【解析】采用减压阀减压分区供水时应符合下列规定：每一供水分区应设不少于两组减压阀组，每组减压阀组宜设置备用减压阀。

26. 答案：B

【解析】采用减压阀减压分区供水时应符合下列规定：减压阀的阀前阀后压力比值不宜大于 3∶1，当一级减压阀减压不能满足要求时，可采用减压阀串联减压，但串联减压不应大于两级，第二级减压阀宜采用先导式减压阀，阀前后压力差不宜超过 0.40 MPa。

27. 答案：A

【解析】减压阀的设置应符合下列规定：过滤器和减压阀前后应设压力表，压力表的表盘直径不应小于 100 mm，最大量程宜为设计压力的 2 倍。

28. 答案：A

【解析】从左到右顺序依次为：压力表→闸阀→过滤器→减压阀→流量压力测试装置（接口）→压力表→闸阀→安全阀。

29. 答案：D

【解析】减压阀的设置应符合下列规定：（1）过滤器前和减压阀后应设置控制阀门；（2）减压阀后应设置压力试验排水阀；（3）减压阀应设置流量检测测试接口或流量计；（4）垂直安装的减压阀，水流方向宜向下；（5）

比例式减压阀宜垂直安装，可调式减压阀宜水平安装；（6）减压阀和控制阀门宜有保护或锁定调节配件的装置；（7）接减压阀的管段不应有气堵、气阻。

30. 答案：D

【解析】减压阀的设置应符合下列规定：减压阀的进口处应设置过滤器，过滤器的孔网直径不宜小于 4 目/cm² ~ 5 目/cm²，过流面积不应小于管道截面积的 4 倍。

31. 答案：B

【解析】室外消防给水采用两路消防供水时，应布置成环状，但当采用一路消防供水时，可布置成枝状。

32. 答案：D

【解析】室外消防给水引入管当设有倒流防止器，且火灾时因其水头损失导致室外消火栓不能满足规范的要求时，应在该倒流防止器前设置一个室外消火栓。

33. 答案：A

【解析】室内消火栓竖管管径应根据竖管最低流量经计算确定，但不应小于 DN100。

34. 答案：B

【解析】室内消火栓竖管应保证检修管道时关闭停用的竖管不超过 1 根，当竖管超过 4 根时，可关闭不相邻的 2 根。

35. 答案：C

【解析】室内消火栓给水管网宜与自动喷水等其他水灭火系统的管网分开设置：当合用消防泵时，供水管路沿水流方向应在报警阀前分开设置。

36. 答案：C

【解析】室内消火栓系统管网应布置成环状，当室外消火栓设计流量不大于 20L/S，且室内消火栓不超过 10 个时，除现行国家标准规定外，可布置成枝状。

37. 答案：D

【解析】室内消火栓消防给水管道的设计流速不宜大于 2.5 m/s，自动水火火系统管道设计流速应符合现行国家标准的有关规定，但任何消防管道的给水流速不应大于 7 m/s。

38. 答案：B

【解析】下列建筑或场所应设置室内消火栓系统：建筑高度大于 15 m 或体积大于 10 000 m³的办公建筑、教学建筑和其他单、多层民用建筑。

39. 答案：C

【解析】室内消火栓栓口压力和消防水枪充实水柱，应符合下列规定：（1）消火栓栓口动压力不应大于 0.50 MPa；当大于 0.70 MPa 时必须设置减压装置；（2）高层建筑、厂房、库房和室内净空高度超过 8 m 的民用建筑等场所，消火栓栓口动压不应小于 0.35 MPa，且消防水枪充实水柱应按 13 m 计算；其他场所，消火栓栓口动压不应小于 0.25 MPa，且消防水枪充实水柱应按 10 m 计算。

40. 答案：C

【解析】室内消火栓栓口压力和消防水枪充实水柱，应符合下列规定：（1）消火栓栓口动压力不应大于 0.50 MPa；当大于 0.70 MPa 时必须设置减压装置；（2）高层建筑、厂房、库房和室内净空高度超过 8 m 的民用建筑等场所，消火栓栓口动压不应小于 0.35 MPa，且消防水枪充实水柱应按 13 m 计算；其他场所，消火栓栓口动压不应小于 0.25 MPa，且消防水枪充实水柱应按 10 m 计算。

41. 答案：D

【解析】稳压泵应由消防给水管网或气压水罐上设置的稳压泵自动启停泵压力开关或压力变送器控制。由稳压泵的工作原理可知：当管网内的压力达到稳压上限值 $P1$ 时，稳压泵停止工作；当管网泄漏或者由于其他原因，管网内的压力下降，当力下降到稳压下限值 $P2$ 时，稳压泵会再次启动，以维持管网内的压力；当管网内的压力下降到消防主泵的启动压力点 $P3$ 时，消防主泵应能启动，同时稳压泵应停止工作。

42. 答案：D

【解析】对于采用临时高压消防给水系统的高层或多层建筑，当消防水箱设置高度不能满足系统最不利点灭火设备所需的水压要求时，应设置稳压泵。

43. 答案：C

【解析】稳压泵宜采用离心泵，并宜符合下列规定：（1）宜采用单吸单级或单吸多级离心泵；（2）泵外壳和叶轮等主要部件的材质宜采用不锈钢。

44. 答案：B

【解析】稳压泵的设计流量应符合下列规定：（1）稳压泵的设计流量不应小于消防给水系统管网的正常泄漏量和系统自动启动流量；（2）消防给水系统管网的正常泄漏量应根据管道材质、接口形式等确定，当没有管网泄漏量数据时，稳压泵的设计流量宜按消防给水设计流量的 1%～3%计，且不宜小于 1 L/s；（3）消防给水系统所采用报警阀压力开关等自动启动流量应根据产品确定。

45. 答案：A

【解析】稳压泵的设计压力应符合下列要求：（1）稳压泵的设计压力应满足系统自动启动和管网充满水的要求；（2）稳压泵的设计压力应保持系统自动启泵压力设置点处的压力在准工作状态时大于系统设置自动启泵压力值，且增加值宜为 0.07 MPa～0.10 MPa；（3）稳压泵的设计压力应保持系统最不利点处水灭火设施在准工作状态时的静水压力应大于 0.15 MPa。

46. 答案：D

【解析】稳压泵的设计压力应保持系统最不利点处水灭火设施在准工作状态时的静水压力应大于 0.15 MPa。

47. 答案：C

【解析】稳压泵吸水管应设置明杆闸阀，稳压泵出水管应设置消声止回阀和明杆闸阀。

48. 答案：B

【解析】设置稳压泵的临时高压消防给水系统应设置防止稳压泵频繁启停的技术措施，当采用气压水罐时，其调节容积应根据稳压泵启泵次数不大于 15 次/h 计算确定，但有效储水容积不宜小于 150 L。

49. 答案：D

【解析】稳压泵启动并持续给管网补水，但管网压力仍继续下降，则可认为有火灾发生，管网内的消防水正在被使用。因此，当压力继续降到设定压力值 $P2$（消防主泵启动压力点）时，将联锁启动消防主泵，同时稳压泵停止工作。

50. 答案：B

【解析】稳压泵通过 3 个压力控制点（$P2$、$P3$、$P4$）分别与压力继电器相连接，用来控制其工作。

51. 答案：D

【解析】室内采用临时高压消防给水系统时，必须设置高位消防水箱的建筑包括高层民用建筑、总建筑面积大于 10 000 m²且层数超过 2 层的公共建筑和其他重要建筑。A 选项面积小于 10 000 m²且为单层建筑，B 选项不属于重要建筑，C 选项面积小于 10 000 m²且不属于重要建筑。

52. 答案：D

【解析】室内采用临时高压消防给水系统时，高位消防水箱的设置应符合下列规定：当市政供水管网的供水能力在满足生产、生活最大小时用水量后，仍能满足初期火灾所需的消防流量和压力时，市政直接供水可替代高位消防水箱。

53. 答案：B

【解析】临时高压消防给水系统：平时不能满足水灭火设施所需的工作压力和流量，火灾时能自动启动消防水泵以满足水灭火设施所需的工作压力和流量的供水系统。

54. 答案：D

【解析】下列场所的室内消火栓给水系统应设置消防水泵接合器：（1）高层民用建筑；（2）设有消防给水的住宅、超过 5 层的其他多层民用建筑；（3）超过 2 层或建筑面积大于 10 000 m² 的地下或半地下建筑（室）、室内消火栓设计流量大于 10 L/s 平战结合的人防工程；（4）高层工业建筑和超过 4 层的多层工业建筑；（5）城市交通隧道。

55. 答案：B

【解析】下列场所的室内消火栓给水系统应设置消防水泵接合器：（1）高层民用建筑；（2）设有消防给水的住宅、超过 5 层的其他多层民用建筑；（3）超过 2 层或建筑面积大于 10 000 m^2 的地下或半地下建筑（室）、室内消火栓设计流量大于 10 L/s 平战结合的人防工程；（4）高层工业建筑和超过 4 层的多层工业建筑；（5）城市交通隧道。

56. 答案：A

【解析】超过 2 层或建筑面积大于 10 000 m^2 的地下或半地下建筑（室）、室内消火栓设计流量大于 10 L/s 平战结合的人防工程，应设置消防水泵接合器。

57. 答案：C

【解析】高层工业建筑和超过 4 层的多层工业建筑、城市交通隧道应设置消防水泵接合器。

58. 答案：B

【解析】消防水泵接合器的给水流量宜按每个 10 ~ 15 L/s 计算。每种水灭火系统的消防水泵接合器设置的数量应按系统设计流量经计算确定，但当计算数量超过 3 个时，可根据供水可靠性适当减少。

59. 答案：A

【解析】临时高压消防给水系统向多栋建筑供水时，消防水泵接合器应在每座建筑附近就近设置。消防水泵接合器的供水范围，应根据当地消防车的供水流量和压力确定。消防给水为竖向分区供水时，在消防车供水压力范围内的分区，应分别设置水泵接合器；当建筑高度超过消防车供水高时，消防给水应在设备层等方便操作的地点设置手抬泵或移动泵接力供水的吸水和加压接口。

60. 答案：A

【解析】墙壁消防水泵接合器的安装高度距地面宜为 0.70 m；与墙面上的门、窗、孔、洞的净距离不应小于 2.0 m，不应安装在玻璃幕墙下方；水泵接合器处应设置永久性标志铭牌，并应标明供水系统、供水范围和额定压力；水泵接合器应设在室外便于消防车使用的地点，且距室外消火栓或消防水池的距离不宜小于 15 m，并不宜大于 40 m。

项目三

1. 答案：B

【解析】消防泵的串联在流量不变时可增加扬程。故当单台消防泵的扬程不能满足最不利点喷头的水压要求时，系统可采用串联消防给水系统。消防泵的串联宜采用相同型号、相同规格的消防泵。在控制上，应先开启前面的消防泵，后开启后面（按水流方向）的消防泵。在有条件的情况下，应尽量选用多级泵。

2. 答案：C

【解析】消防泵的并联是指由两台或两台以上的消防泵同时向消防给水

系统供水。水泵并联的作用主要在于增加流量，但在流量叠加时压力有所下降。

3. 答案：A

【解析】减压阀应设置在报警阀组入口前，当连接两个及以上报警阀组时，应设置备用减压阀。

4. 答案：C

【解析】采用减压阀减压分区供水时应符合下列规定：减压阀的阀前阀后压力比值不宜大于 3∶1，当一级减压阀减压不能满足要求时，可采用减压阀串联减压，但串联减压不应大于两级，第二级减压阀宜采用先导式减压阀，阀前后压力差不宜超过 0.40 MPa。

5. 答案：A

【解析】分区消防给水方式。在消防给水系统中，由于配水管道的工作压力要求，系统可有不同的给水方式。系统给水方式的划分原则可根据管材、设备等确定。当高层建筑最低消火栓栓口的静水压力大于 1.00 MPa 或系统工作压力大于 2.40 MPa 时，应采用分区给水系统。分区供水形式应根据系统压力、建筑特征，综合技术经济和安全可靠性等因素确定，可采用消防水泵并行或串联、减压水箱和减压阀减压的形式，但当系统的工作压力大于 2.4 MPa 时，应采用消防水泵串联或减压水箱分区供水形式。

6. 答案：A

【解析】采用减压水箱减压分区供水时应符合下列规定：减压水箱的有效容积不应小于 18 m^3，且宜分为两格。

7. 答案：D

【解析】采用减压水箱减压分区供水时应符合下列规定：（1）减压水箱的有效容积、出水、排水、水位和设置场所，应符合有关高位水箱的规定；（2）减压水箱的布置和通气管、呼吸管等，应符合有关高位水箱的规定；（3）减压水箱的有效容积不应小于 18 m^3，且宜分为两格；（4）减压水箱应有两条进、出水管，且每条进、出水管应满足消防给水系统所需消防用水量的要求；（5）减压水箱进水管的水位控制应可靠，宜采用水位控制阀；（6）减压水箱进水管应设置防冲击和溢水的技术措施，并宜在进水管上设置紧急关闭阀门，溢流水宜回流到消防水池。

8. 答案：C

【解析】采用消防水泵串联分区供水时，宜采用消防水泵转输水箱串联供水方式，并应符合下列规定：当采用消防水泵转输水箱串联时，转输水箱的有效储水容积不应小于 60 m^3，转输水箱可作为高位消防水箱。

9. 答案：C

【解析】稳压泵宜采用单吸单级或单吸多级离心泵，A 选项正确；稳压泵应设置备用泵，B 选项正确；稳压泵吸水管应设置明杆闸阀，稳压泵出水管应设置消声止回阀和明杆闸阀，C 选项错误，D 选项正确。

10. 答案：A

【解析】采用消防水泵串联分区供水时，宜采用消防水泵转输水箱串联供水方式，并应符合下列规定：当采用消防水泵直接串联时，应校核系统供水压力，并应在串联消防水泵出水管上设置减压型倒流防止器。

11. 答案：D

【解析】分区供水形式应根据系统压力、建筑特征，经技术经济和安全可靠性等综合因素确定，可采用消防水泵并行或串联、减压水箱和减压阀减压的形式，但当系统的工作压力大于 2.40 MPa 时，应采用消防水泵串联或减压水箱分区供水形式。

12. 答案：D

【解析】启泵次序：

（1）消防水泵直接串联（无转输水箱）：先下后上（低区水泵→高区水泵）；（2）消防水泵转输水箱串联（有转输水箱）：先上后下（高区水泵→转输水泵，即从转输水箱吸水的供水泵→转输泵）。

13. 答案：C

【解析】高层建筑室内消火栓给水系统采用不分区消防给水方式。整栋大楼采用一个区供水，系统简单、设备少。当高层建筑最低消火栓栓口处的静水压力不大于 1.0 MPa，或系统工作压力不大于 2.40 MPa 时。

模块三

项目一

1. 答案：C

【解析】距建筑外缘 5 m～150 m 的市政消火栓可计入建筑室外消火栓的数量，但当为消防水泵接合器供水时，距建筑外缘 5 m～40 m 的市政消火栓可计入建筑室外消火栓的数量。

2. 答案：B

【解析】市政消火栓和建筑室外消火栓应采用湿式消火栓系统。严寒、寒冷等冬季结冰地区城市隧道及其他构筑物的消火栓系统，应采取防冻措施，并宜采用干式消火栓系统和干式室外消火栓。室内环境温度不低于 4℃，且不高于 70℃的场所，应采用湿式室内消火栓系统。

3. 答案：D

【解析】市政消火栓宜采用地上式室外消火栓；在严寒、寒冷等冬季结冰地区宜采用干式地上式室外消火栓，严寒地区宜增置消防水鹤。当采用地下式室外消火栓，地下消火栓井的直径不宜小于 1.5 m，且当地下式室外消火栓的取水口在冰冻线以上时，应采取保温措施。

4. 答案：A

【解析】市政消火栓宜采用直径 DN150 的室外消火栓，并应符合下列要求：（1）室外地上式消火栓应有一个直径为 150 mm 或 100 mm 和两个直径为 65 mm 的栓口；（2）室外地下式消火栓应有直径为 100 mm 和 65 mm 的栓口各一个。

5. 答案：C

【解析】市政消火栓宜采用直径 DN150 的室外消火栓，并应符合下列要求：（1）室外地上式消火栓应有一个直径为 150 mm 或 100 mm 和两个直径为 65 mm 的栓口；（2）室外地下式消火栓应有直径为 100 mm 和 65 mm 的栓口各一个。

6. 答案：C

【解析】市政消火栓宜在道路的一侧设置，并宜靠近十字路口，但当市政道路宽度超过 60 m 时，应在道路的两侧交叉错落设置市政消火栓。

7. 答案：C

【解析】市政消火栓或消防车从消防水池吸水向建筑供应室外消防给水时，应符合下列规定：供消防车吸水的室外消防水池的每个取水口宜按一个室外消火栓计算，且其保护半径不应大于 150 m；距建筑外缘 5 m ~ 150 m 的市政消火栓可计入建筑室外消火栓的数量，但当为消防水泵接合器供水时，距建筑外缘 5 m ~ 40 m 的市政消火栓可计入建筑室外消火栓的数量；当市政给水管网为环状时，符合本条上述内容的室外消火栓出流量宜计入建筑室外消火栓设计流量；但当市政给水管网为枝状时，计入建筑的室外消火栓设计流量不宜超过一个市政消火栓的出流量。

8. 答案：C

【解析】市政消火栓的保护半径不应超过 150 m，间距不应大于 120 m。

9. 答案：D

【解析】市政消火栓的保护半径不应超过 150 m，间距不应大于 120 m。

10. 答案：A

【解析】市政消火栓应布置在消防车易于接近的人行道和绿地等地点，且不应妨碍交通，并应符合下列规定：（1）市政消火栓距路边不宜小于 0.5 m，并不应大于 2.0 m；（2）市政消火栓距建筑外墙或外墙边缘不宜小于 5.0 m；（3）市政消火栓应避免设置在机械易撞击的地点，确有困难时，应采取防撞措施。

11. 答案：C

【解析】市政消火栓应布置在消防车易于接近的人行道和绿地等地点，且不应妨碍交通，并应符合下列规定：（1）市政消火栓距路边不宜小于 0.5 m，并不应大于 2.0 m；（2）市政消火栓距建筑外墙或外墙边缘不宜小于 5.0 m；（3）市政消火栓应避免设置在机械易撞击的地点，确有困难时，应采取防撞措施。

12. 答案：C

【解析】当市政给水管网设有市政消火栓时，其平时运行工作压力不应小于 0.14 MPa，火灾时水力最不利市政消火栓的出流量不应小于 15 L/s，且供水压力从地面算起不应小于 0.10 MPa。

13. 答案：D

【解析】当市政给水管网设有市政消火栓时，其平时运行工作压力不应小于 0.14 MPa，火灾时水力最不利市政消火栓的出流量不应小于 15 L/s，且供水压力从地面算起不应小于 0.10 MPa。

14. 答案：D

【解析】严寒地区在城市主要干道上设置消防水鹤的布置间距宜为 1 000 m，连接消防水鹤的市政给水管的管径不宜小于 DN200。

15. 答案：D

【解析】火灾时消防水鹤的出流量不宜低于 30 L/s，且供水压力从地面算起不应小于 0.10 MPa。

项目二

1. 答案：A

【解析】可不设置室外消火栓的情况：耐火等级不低于二级且建筑体积不大于 3 000 m^3的戊类厂房，居住区人数不超过 500 人且建筑层数不超过两层的居住区。

2. 答案：B

【解析】可不设置室外消火栓的情况：耐火等级不低于二级且建筑体积不大于 3 000 m^3的戊类厂房，居住区人数不超过 500 人且建筑层数不超过两层的居住区。

3. 答案：A

【解析】建筑室外消火栓的数量应根据室外消火栓设计流量和保护半径经计算确定，保护半径不应大于 150.0 m，每个室外消火栓的出流量宜按 10 L/s ~ 15 L/s 计算。

4. 答案：C

【解析】室外消火栓宜沿建筑周围均匀布置，且不宜集中布置在建筑一侧；建筑消防扑救面一侧的室外消火栓数量不宜少于 2 个。

5. 答案：B

【解析】建筑室外消火栓的数量应根据室外消火栓设计流量和保护半径经计算确定，保护半径不应大于 150.0 m，每个室外消火栓的出流量宜按 10 L/s ~ 15 L/s 计算。

6. 答案：B

【解析】建筑消防扑救面一侧的室外消火栓数量不宜少于 2 个。

7. 答案：B

【解析】人防工程、地下工程等建筑应在出入口附近设置室外消火栓，且距出入口的距离不宜小于 5 m，并不宜大于 40 m。

8. 答案：D

【解析】停车场的室外消火栓宜沿停车场周边设置，且与最近一排汽车的距离不宜小于 7 m，距加油站或油库不宜小于 15 m。

9. 答案：A

【解析】甲、乙、丙类液体储罐区和液化烃罐罐区等构筑物的室外消火栓，应设在防火堤或防护墙外，数量应根据每个罐的设计流量经计算确定，但距罐壁 15m 范围内的消火栓，不应计算在该罐可使用的数量内。

10. 答案：D

【解析】工艺装置区等采用高压或临时高压消防给水系统的场所，其周围应设置室外消火栓，数量应根据设计流量经计算确定，且间距不应大于 60.0 m。当工艺装置区宽度大于 120.0 m 时，宜在该装置区内的路边设置室外消火栓。

11. 答案：C

【解析】当工艺装置区、储罐区、堆场等构筑物采用高压或临时高压消防给水系统时，消火栓的设置应符合下列规定：（1）室外消火栓处宜配置消防水带和消防水枪；（2）工艺装置休息平台等处需要设置的消火栓的场所应采用室内消火栓。

12. 答案：B

【解析】工艺装置区等采用高压或临时高压消防给水系统的场所，其周围应设置室外消火栓，数量应根据设计流量经计算确定，且间距不应大于 60.0 m。当工艺装置区宽度大于 120.0 m 时，宜在该装置区内的路边设置室外消火栓。

13. 答案：D

【解析】室外消防给水引入管当设有倒流防止器，且火灾时因其水头损失导致室外消火栓不能满足规范的要求时，应在该倒流防止器前设置一个室外消火栓。

项目三

1. 答案：B

【解析】下列建筑或场所应设置室内消火栓系统：建筑占地面积大于 300 m^2 的厂房和仓库。

2. 答案：B

【解析】下列建筑或场所应设置室内消火栓系统：高层公共建筑和建筑高度大于 21 m 的住宅建筑。

3. 答案：A

【解析】建筑高度不大于 27 m 的住宅建筑，设置室内消火栓系统确有困难时，可只设置干式消防竖管和不带消火栓箱的 DN65 的室内消火栓。

4. 答案：D

【解析】下列建筑或场所应设置室内消火栓系统：体积大于 5 000 m^3的车站、码头、机场的候车（船、机）建筑、展览建筑、商店建筑、旅馆建筑、医疗建筑、老年人照料设施和图书馆建筑等单、多层建筑。

5. 答案：B

【解析】下列建筑或场所应设置室内消火栓系统：特等、甲等剧场，超过 800 个座位的其他等级的剧场和电影院等以及超过 1 200 个座位的礼堂、体育馆等单、多层建筑。

6. 答案：A

【解析】下列建筑或场所应设置室内消火栓系统：建筑高度大于 15 m 或体积大于 10 000 m^3的办公建筑、教学建筑和其他单、多层民用建筑。

7. 答案：B

【解析】下列建筑或场所应设置室内消火栓系统：建筑高度大于 15 m 或体积大于 10 000 m^3的办公建筑、教学建筑和其他单、多层民用建筑。

8. 答案：D

【解析】下列建筑或场所，可不设置室内消火栓系统，但宜设置消防软管卷盘或轻便消防水龙：耐火等级为一、二级且可燃物较少的单、多层丁、戊类厂房（仓库）。

9. 答案：A

【解析】下列建筑或场所，可不设置室内消火栓系统，但宜设置消防软管卷盘或轻便消防水龙：耐火等级为三、四级且建筑体积不大于 3 000 m^3的丁类厂房；耐火等级为三、四级且建筑体积不大于 5 000 m^3的戊类厂房（仓库）。

10. 答案：D

【解析】下列建筑或场所，可不设置室内消火栓系统，但宜设置消防软管卷盘或轻便消防水龙：耐火等级为三、四级且建筑体积不大于 3 000 m^3的丁类厂房；耐火等级为三、四级且建筑体积不大于 5 000 m^3的戊类厂房（仓库）。

11. 答案：C

【解析】下列建筑或场所，可不设置室内消火栓系统，但宜设置消防软管卷盘或轻便消防水龙：（1）耐火等级为一、二级且可燃物较少的单、多层丁、戊类厂房（仓库）。（2）耐火等级为三、四级且建筑体积不大于 3 000 m^3的丁类厂房；耐火等级为三、四级且建筑体积不大于 5 000 m^3的戊类厂房（仓库）。（3）粮食仓库、金库、远离城镇且无人值班的独立建筑。（4）存有与水接触能引起燃烧爆炸的物品的建筑。（5）室内无生产、生活给水管道，室外消防用水取自储水池且建筑体积不大于 5 000 m^3的其他建筑。

12. 答案：D

【解析】人员密集的公共建筑、建筑高度大于 100 m 的建筑和建筑面积大于 200 m^2 的商业服务网点内应设置消防软管卷盘或轻便消防水龙。高层住宅建筑的户内宜配置轻便消防水龙。

13. 答案：A

【解析】人员密集的公共建筑、建筑高度大于 100 m 的建筑和建筑面积大于 200 m^2 的商业服务网点内应设置消防软管卷盘或轻便消防水龙。高层住宅建筑的户内宜配置轻便消防水龙。

14. 答案：D

【解析】甲、乙、丙类厂房和仓库的消火栓系统的火灾延续时间不应小于 3.0 h，丁、戊类厂房和仓库的火灾延续时间不应小于 2.0 h，高层建筑中的商业楼、展览楼、综合楼的消火栓系统火灾延续时间不应小于 3.0 h，所有住宅建筑的火灾延续时间均不应小于 2.0 h。

15. 答案：A

【解析】符合下列条件时，消防给水系统应分区供水：消火栓栓口处静压大于 1.0 MPa。

16. 答案：A

【解析】下列消防给水应采用环状给水管网：（1）向两栋或两座及以上建筑供水时。（2）向两种及以上水灭火系统供水时。（3）采用设有高位消防水箱的临时高压消防给水系统时。（4）向两个及以上报警阀控制的自动水灭火系统供水时。室内消火栓系统管网应布置成环状，当室外消火栓设计流量不大于 20 L/s，且室内消火栓不超过 10 个时，除规范第 8.1.2 条外，可布置成枝状，A 选项错误；室内消防管道管径应根据系统设计流量、流速和压力要求经计算确定；室内消火栓竖管管径应根据竖管最低流量经计算确定。消火栓泵与喷淋泵连用时，供水管路沿水流方向应在报警阀前分开设置，D 选项正确。

17. 答案：B

【解析】室内消火栓的配置应符合下列要求：应采用 DN65 室内消火栓，并可与消防软管卷盘或轻便水龙设置在同一箱体内。

18. 答案：C

【解析】室内消火栓的配置应符合下列要求：应配置公称直径 65 有内衬里的消防水带，长度不宜超过 25.0 m；消防软管卷盘应配置内径不小于 ϕ19 的消防软管，其长度宜为 30.0 m；轻便水龙应配置公称直径 25 有内衬里的消防水带，长度宜为 30.0 m。

19. 答案：D

【解析】屋顶设有直升机停机坪的建筑，应在停机坪出入口处或非电器设备机房处设置消火栓，且距停机坪机位边缘的距离不应小于 5.0 m。

20. 答案：C

【解析】消防电梯前室应设置室内消火栓，并应计入消火栓使用数量。

21. 答案：A

【解析】室内消火栓的布置应满足同一平面有 2 支消防水枪的 2 股充实水柱同时达到任何部位的要求，但建筑高度小于或等于 24.0 m 且体积小于或等于 5 000 m^3的多层仓库、建筑高度小于或等于 54 m 且每单元设置一部疏散楼梯的住宅，以及规范规定可采用 1 支消防水枪的场所，可采用 1 支消防水枪的 1 股充实水柱到达室内任何部位。

22. 答案：D

【解析】室内消火栓的布置应满足同一平面有 2 支消防水枪的 2 股充实水柱同时达到任何部位的要求，但建筑高度小于或等于 24.0 m 且体积小于或等于 5 000 m^3的多层仓库、建筑高度小于或等于 54 m 且每单元设置一部疏散楼梯的住宅，以及规范规定可采用 1 支消防水枪的场所，可采用 1 支消防水枪的 1 股充实水柱到达室内任何部位。

23. 答案：B

【解析】建筑室内消火栓口的安装高度应便于消防水龙带的连接和使用，其距地面高度宜为 1.1 m，其出水方向宜向下或与设置消火栓的墙面成 90°角。

24. 答案：C

【解析】设有室内消火栓的建筑应设置带有压力表的试验消火栓，其设置位置应符合下列规定：（1）多层和高层建筑应在其屋顶设置，严寒、寒冷等冬季结冰地区可设置在顶层出口处或水箱间内等便于操作和防冻的位置；（2）单层建筑宜设置在水力最不利处，且应靠近出入口。

25. 答案：B

【解析】室内消火栓宜按直线距离计算其布置间距，并应符合下列规定：（1）消火栓按 2 支消防水枪的 2 股充实水柱布置的建筑物，消火栓的布置间距不应大于 30.0 m；（2）消火栓按 1 支消防水枪的 1 股充实水柱布置的建筑物，消火栓的布置间距不应大于 50.0 m。

26. 答案：A

【解析】消火栓按 2 支消防水枪的 2 股充实水柱布置的建筑物，消火栓的布置间距不应大于 30 m。消火栓按 1 支消防水枪的 1 股充实水柱布置的建筑物，消火栓的布置间距不应大于 50 m。

27. 答案：C

【解析】干式消防竖管的设置规定有：建筑高度不大于 27 m 的多层住宅建筑设置室内湿式消火栓系统确有困难时，可设置干式消防竖管。

28. 答案：A

【解析】住宅户内宜在生活给水管道上预留一个接 DN15 消防软管或轻便水龙的接口。

29. 答案：A

【解析】城市交通隧道室内消火栓系统的设置应符合下列规定：（1）隧道内宜设置独立的消防给水系统；（2）管道内的消防供水压力应保证用水量达到最大时，最低压力不应小于 0.30 MPa，但当消火栓栓口处的出水压力超过 0.70 MPa 时，应设置减压设施。

30. 答案：D

【解析】城市交通隧道室内消火栓系统的设置应符合下列规定：（1）隧

道内宜设置独立的消防给水系统；（2）管道内的消防供水压力应保证用水量达到最大时，最低压力不应小于 0.30 MPa，但当消火栓栓口处的出水压力超过 0.70 MPa 时，应设置减压设施。

31. 答案：A

【解析】城市交通隧道室内消火栓系统的设置应符合下列规定：消火栓的间距不应大于 50 m，双向同行车道或单行通行但大于 3 车道时，应双面间隔设置。

32. 答案：C

【解析】城市交通隧道室内消火栓系统的设置应符合下列规定：（1）隧道内宜设置独立的消防给水系统；（2）管道内的消防供水压力应保证用水量达到最大时，最低压力不应小于 0.30 MPa，但当消火栓栓口处的出水压力超过 0.70 MPa 时，应设置减压设施；（3）在隧道出入口处应设置消防水泵接合器和室外消火栓；（4）消火栓的间距不应大于 50 m，双向同行车道或单行通行但大于 3 车道时，应双面间隔设置；（5）隧道内允许通行危险化学品的机动车，且隧道长度超过 3 000 m 时，应配置水雾或泡沫消防水枪。

33. 答案：C

【解析】室内消火栓栓口压力和消防水枪充实水柱，应符合下列规定：（1）消火栓栓口动压力不应大于 0.50 MPa；当大于 0.70 MPa 时必须设置减压装置。（2）高层建筑、厂房、库房和室内净空高度超过 8 m 的民用建筑等场所，消火栓栓口动压不应小于 0.35 MPa，且消防水枪充实水柱应按 13 m 计算；其他场所，消火栓栓口动压不应小于 0.25 MPa，且消防水枪充实水柱应按 10 m 计算。

34. 答案：B

【解析】室内消火栓栓口压力和消防水枪充实水柱，应符合下列规定：（1）消火栓栓口动压力不应大于 0.50 MPa；当大于 0.70 MPa 时必须设置减压装置。（2）高层建筑、厂房、库房和室内净空高度超过 8 m 的民用建筑等场所，消火栓栓口动压不应小于 0.35 MPa，且消防水枪充实水柱应按 13 m 计算；其他场所，消火栓栓口动压不应小于 0.25 MPa，且消防水枪充实水柱应按 10 m 计算。

35. 答案：C

【解析】室内消火栓栓口压力和消防水枪充实水柱，应符合下列规定：（1）消火栓栓口动压力不应大于 0.50 MPa；当大于 0.70 MPa 时必须设置减压装置。（2）高层建筑、厂房、库房和室内净空高度超过 8 m 的民用建筑等场所，消火栓栓口动压不应小于 0.35 MPa，且消防水枪充实水柱应按 13 m 计算；其他场所，消火栓栓口动压不应小于 0.25 MPa，且消防水枪充实水柱应按 10 m 计算。

36. 答案：D

【解析】消防软管卷盘应配置内径不小于 $\phi 19$ 的消防软管，其长度宜为 30.0 m。

37. 答案：A

【解析】消防软管卷盘和轻便水龙应配置当量喷嘴直径 6 mm 的消防水枪。

项目四

1. 答案：D

【解析】建筑物室外消火栓设计流量，应根据建筑物的用途功能、体积、耐火等级、火灾危险性等因素综合分析确定。

2. 答案：A

【解析】火车站、码头和机场的中转库房，其室外消火栓设计流量应按相应耐火等级的丙类物品库房确定。

3. 答案：B

【解析】国家级文物保护单位的重点砖木、木结构的建筑物室外消火栓设计流量，按三级耐火等级民用建筑物消火栓设计流量确定。

4. 答案：C

【解析】当单座建筑的总建筑面积大于 50 万平方米时，建筑物室外消火栓设计流量应按规定的最大值增加 1 倍。

5. 答案：B

【解析】丁、戊类高层厂房（仓库）室内消火栓的设计流量可按规定减少 10 L/s，同时使用消防水枪数量可按规定减少 2 支。

6. 答案：D

【解析】（1）丁、戊类高层厂房（仓库）室内消火栓的设计流量可按规定表减少 10 L/s，同时使用消防水枪数量可按规定减少 2 支；（2）消防软管卷盘、轻便消防水龙及多层住宅楼梯间中的干式消防竖管，其消火栓设计流量可不计入室内消防给水设计流量；（3）当一座多层建筑有多种使用功能时，室内消火栓设计流量应分别按规定不同功能计算，且应取最大值。

7. 答案：A

【解析】当建筑物室内设有自动喷水灭火系统、水喷雾灭火系统、泡沫灭火系统或固定消防炮灭火系统等一种或两种以上自动水灭火系统全保护时，高层建筑当高度不超过 50 m 且室内消火栓系统设计流量超过 20 L/s 时，其室内消火栓设计流量可按规范减少 5 L/s；多层建筑室内消火栓设计流量可减少 50%，但不应小于 10 L/s。

8. 答案：C

【解析】当建筑物室内设有自动喷水灭火系统、水喷雾灭火系统、泡沫灭火系统或固定消防炮灭火系统等一种或两种以上自动水灭火系统全保护时，高层建筑当高度不超过 50 m 且室内消火栓系统设计流量超过 20 L/s 时，其室内消火栓设计流量可按本规范减少 5 L/s；多层建筑室内消火栓设计流量可减少 50%，但不应小于 10 L/s。

项目五

1. 答案：B

【解析】高层综合楼消火栓系统的火灾延续时间不应低于 3.0 h，自动喷水灭火系统的火灾延续时间为 1.0 h。消防水池储存室内消火栓和自动喷水灭火系统的用水量，建筑室内消防用水量应为 20×3×3.6+15×3.6×1=270（m^3）；消防水池在火灾延续时间内的连续补水量为 30×3=90（m^3），所以建筑消防水池最小有效容积应为 270–90=180（m^3）。

2. 答案：B

【解析】室外消火栓系统由市政管网供水，消防水池需满足室内消火栓系统和自喷系统消防用水水量。高层综合楼火灾延续时间为 3.0 h，自喷系统火灾延续时间为 1.0 h。消防水池有两路补水，可减去火灾延续时间内的补水量。40×3×3.6+40×3.6×1=576（m^3），576–100=476（m^3）。

3. 答案：C

【解析】当市政给水管网能保证室外消防给水设计流量时，消防水池的有效容积应满足在火灾延续时间内室内消防用水量的要求，A 正确。消防水池进水管管径应计算确定，且不应小于 DN100，B 正确。当消防水池采用两路消防供水且在火灾情况下连续补水能满足消防要求时，消防水池的有效容积应根据计算确定，但不应小于 100 m^3，当仅设有消火栓系统时不应小于 50 m^3。10×2×3.6=72（m^3），72–2×20=32（m^3），按 50 m^3确定，C 错误。火灾延续时间内的连续补水流量应按消防水池最不利进水管供水量计算，D 正确。

综合测试一

一、单选题

1. 答案：A

【解析】消防水源应符合下列规定：市政给水、消防水池、天然水源等可作为消防水源，并宜采用市政给水；雨水清水池、中水清水池、水景和游泳池可作为备用消防水源。

2. 答案：A

【解析】烟气的流动速度主要与火灾现场的发热量有关。发热量越大，烟气温度越高，流动的速度也就越快；发热量越小，烟气温度越低，流动的速度也就越慢。

3. 答案：B

【解析】市政消火栓和建筑室外消火栓应采用湿式消火栓系统。严寒、寒冷等冬季结冰地区城市隧道及其他构筑物的消火栓系统，应采取防冻措施，并宜采用干 式消火栓系统和干式室外消火栓。室内环境温度不低于 4℃，且不高于 70℃的场所，应采用湿式室内消火栓系统。

4. 答案：C

【解析】符合下列规定之一时，应设置消防水池：（1）当生产、生活用水量达到最大时，市政给水管网或入户引入管不能满足室内、室外消防给水设计流量；（2）当采用一路消防供水或只有一条入户引入管，且室外消火栓设计流量大于 20 L/s 或建筑高度大于 50 m 时；（3）市政消防给水设计流量小于建筑室内外消防给水设计流量。

5. 答案：A

【解析】目前我国大多数登高消防车的最大工作高度均在 100 m 以内。

6. 答案：A

【解析】市政消火栓宜采用直径 DN150 的室外消火栓，并应符合下列要求：（1）室外地上式消火栓应有一个直径为 150 mm 或 100 mm 和两个直径为 65 mm 的栓口；（2）室外地下式消火栓应有直径为 100 mm 和 65 mm 的栓口各一个。

7. 答案：C

【解析】消防水池的总蓄水有效容积大于 500 m^3时，宜设两格能独立使用的消防水池；当大于 1 000 m^3时，应设置能独立使用的两座消防水池。每格（或座）消防水池应设置独立的出水管，并应设置满足最低有效水位的连通管，且其管径应能满足消防给水设计流量的要求。

8. 答案：C

【解析】市政消火栓宜在道路的一侧设置，并宜靠近十字路口，但当市政道路宽度超过 60 m 时，应在道路的两侧交叉错落设置市政消火栓。

9. 答案：B

【解析】建筑按照使用性质可以分为农业建筑、工业建筑、民用建筑。

10. 答案：D

【解析】市政消火栓的保护半径不应超过 150 m，间距不应大于 120 m。

11. 答案：D

【解析】储存室外消防用水的消防水池或供消防车取水的消防水池，应符合下列规定：取水口（井）与液化石油气储罐的距离不宜小于 60 m，当采取防止辐射热保护措施时，可为 40 m。

12. 答案：C

【解析】商业服务网点是设置在住宅建筑的首层或首层及二层，每个分隔单元建筑面积不大于 300 m^2 的商店、邮政所、储蓄所、理发店等小型营业性用房。

13. 答案：C

【解析】市政消火栓应布置在消防车易于接近的人行道和绿地等地点，且不应妨碍交通，并应符合下列规定：（1）市政消火栓距路边不宜小于 0.5 m，并不应大于 2.0 m；（2）市政消火栓距建筑外墙或外墙边缘不宜小于 5.0 m；（3）市政消火栓应避免设置在机械易撞击的地点，确有困难时，应采取防撞措施。

14. 答案：D

【解析】消防水泵零流量时的压力不应大于设计工作压力的 140%，且宜大于设计工作压力的 120%，即 0.9×（1.2 ~ 1.4）=1.08 ~ 1.26（MPa）。

15. 答案：A

【解析】建筑高度 24 m 以上部分，任一楼层建筑面积大于 1 000 m^2 的商店、展览、电信、邮政、财贸金融建筑和其他多种功能组合的建筑为一类高层公共建筑。

16. 答案：C

【解析】闪点小于 28℃的液体火灾危险性类别属于甲类。

17. 答案：B

【解析】室外消火栓系统由市政管网供水，消防水池需满足室内消火栓系统和自喷系统消防用水水量。高层综合楼火灾延续时间为 3.0 h，自喷系统火灾延续时间为 1.0 h。消防水池有两路补水，可减去火灾延续时间内的补水量。40×3×3.6+40×3.6×1=576（m^3），576–100=476（m^3）。

18. 答案：B

【解析】同一座厂房或厂房的任一防火分区内有不同火灾危险性生产时，厂房或防火分区内的生产火灾危险性类别应按火灾危险性较大的部分确定；当生产过程中使用或产生易燃、可燃物的量较少，不足以构成爆炸或火灾危险时，可按实际情况确定；当符合下述条件之一时，可按火灾危险性较小的部分确定：（1）火灾危险性较大的生产部分占本层或本防火分区建筑面积的比例小于 5%或丁、戊类厂房内的油漆工段小于 10%，且发生火灾事故时不足以蔓延至其他部位或火灾危险性较大的生产部分采取了有效的防火措施；（2）丁、戊类厂房内的油漆工段，当采用封闭喷漆工艺，封闭喷漆空间内保持负压、油漆工段设置可燃气体探测报警系统或自动抑爆系统，且油漆工段占所在防火分区建筑面积的比例不大于 20%。

19. 答案：A

【解析】丁、戊类储存物品仓库的火灾危险性，当可燃包装重量大于物品本身重量 1/4 或可燃包装体积大于物品本身体积的 1/2 时,应按丙类确定。

20. 答案：D

【解析】火灾时消防水鹤的出流量不宜低于 30 L/s，且供水压力从地面算起不应小于 0.10 MPa。

21. 答案：C

【解析】当市政给水管网能保证室外消防给水设计流量时，消防水池的有效容积应满足在火灾延续时间内室内消防用水量的要求，A 正确；消防水池进水管管径应计算确定，且不应小于 DN100，B 正确；当消防水池采用两路消防供水且在火灾情况下连续补水能满足消防要求时，消防水池的有效容积应根据计算确定，但不应小于 100（m^3），当仅设有消火栓系统时不应小于 50 m^3，10×2×3.6=72（m^3），72–2×20=32（m^3），按 50 m^3确定，C

错误；火灾延续时间内的连续补水流量应按消防水池最不利进水管供水量计算，D 正确。

22. 答案：D

【解析】取水口（井）与液化石油气储罐的距离不宜小于 60 m，当采取防止辐射热保护措施时，可为 40 m。

23. 答案：B

【解析】消防泵的串联在流量不变时可增加扬程。故当单台消防泵的扬程不能满足最不利点喷头的水压要求时，系统可采用串联消防给水系统。消防泵的串联宜采用相同型号、相同规格的消防泵。在控制上，应先开启前面的消防泵，后开启后面（按水流方向）的消防泵。在有条件的情况下，应尽量选用多级泵。

24. 答案：B

【解析】可不设置室外消火栓的情况：耐火等级不低于二级且建筑体积不大于 3 000 m^3的戊类厂房，居住区人数不超过 500 人且建筑层数不超过两层的居住区。

25. 答案：C

【解析】室外消火栓宜沿建筑周围均匀布置，且不宜集中布置在建筑一侧；建筑消防扑救面一侧的室外消火栓数量不宜少于 2 个。

26. 答案：A

【解析】分区消防给水方式。在消防给水系统中，由于配水管道的工作压力要求，系统可有不同的给水方式。系统给水方式的划分原则可根据管材、设备等确定。当高层建筑最低消火栓栓口的静水压力大于 1.00 MPa 或系统工作压力大于 2.40 MPa 时，应采用分区给水系统。分区供水形式应根据系统压力、建筑特征，综合技术经济和安全可靠性等因素确定，可采用消防水泵并行或串联、减压水箱和减压阀减压的形式，但当系统的工作压力大于 2.4 MPa 时，应采用消防水泵串联或减压水箱分区供水形式。

27. 答案：D

【解析】停车场的室外消火栓宜沿停车场周边设置，且与最近一排汽车的距离不宜小于 7 m，距加油站或油库不宜小于 15 m。

28. 答案：C

【解析】消防水泵出水管的直径大于 DN250 时，其流速宜为 2.0 ~ 2.5 m/s。

29. 答案：C

【解析】采用消防水泵串联分区供水时，宜采用消防水泵转输水箱串联供水方式，并应符合下列规定：当采用消防水泵转输水箱串联时，转输水箱的有效储水容积不应小于 60 m^3，转输水箱可作为高位消防水箱。

30. 答案：A

【解析】下列建筑或场所应设置室内消火栓系统：建筑高度大于 15 m

或体积大于 10 000 m^3的办公建筑、教学建筑和其他单、多层民用建筑。

31. 答案：A

【解析】甲、乙、丙类液体储罐区和液化烃罐罐区等构筑物的室外消火栓，应设在防火堤或防护墙外，数量应根据每个罐的设计流量经计算确定，但距罐壁 15m 范围内的消火栓，不应计算在该罐可使用的数量内。

32. 答案：B

【解析】根据规定，下列情况下可不设备用泵：（1）建筑高度小于 54 m 的住宅和室外消防给水设计流量小于或等于 25 L/s 时；（2）建筑的室内消防给水设计流量小于或等于 10 L/s 的建筑。

33. 答案：D

【解析】下列建筑或场所，可不设置室内消火栓系统，但宜设置消防软管卷盘或轻便消防水龙：耐火等级为三、四级且建筑体积不大于 3 000 m^3 的丁类厂房；耐火等级为三、四级且建筑体积不大于 5 000 m^3的戊类厂房（仓库）。

34. 答案：D

【解析】采用减压阀减压分区供水时应符合下列规定：减压阀应根据消防给水设计流量和压力选择，且设计流量应在减压阀流量压力特性曲线的有效段内，并校核在 150%设计流量时，减压阀的出口动压不应小于设计值的 65%。

35. 答案：D

【解析】城市交通隧道室内消火栓系统的设置应符合下列规定：（1）隧道内宜设置独立的消防给水系统；（2）管道内的消防供水压力应保证用水量达到最大时，最低压力不应小于 0.30 MPa，但当消火栓栓口处的出水压力超过 0.70 MPa 时，应设置减压设施。

36. 答案：B

【解析】采用减压阀减压分区供水时应符合下列规定：每一供水分区应设不少于两组减压阀组，每组减压阀组宜设置备用减压阀。

37. 答案：C

【解析】当建筑物室内设有自动喷水灭火系统、水喷雾灭火系统、泡沫灭火系统或固定消防炮灭火系统等一种或两种以上自动水灭火系统全保护时，高层建筑当高度不超过 50 m 且室内消火栓系统设计流量超过 20 L/s 时，其室内消火栓设计流量可按本规范减少 5 L/s；多层建筑室内消火栓设计流量可减少 50%，但不应小于 10 L/s。

38. 答案：A

【解析】火车站、码头和机场的中转库房，其室外消火栓设计流量应按相应耐火等级的丙类物品库房确定。

39. 答案：C

【解析】当工艺装置区、储罐区、堆场等构筑物采用高压或临时高压消防给水系统时，消火栓的设置应符合下列规定：（1）室外消火栓处宜配置消防水带和消防水枪；（2）工艺装置休息平台等处需要设置的消火栓的场所应采用室内消火栓。

40. 答案：D

【解析】启泵次序：

（1）消防水泵直接串联（无转输水箱）：先下后上（低区水泵→高区水泵）；（2）消防水泵转输水箱串联（有转输水箱）：先上后下（高区水泵→转输水泵，即从转输水箱吸水的供水泵→转输泵）。

41. 答案：B

【解析】我国把建筑构件按其燃烧性能分为三类，即不燃性构件、难燃性构件和可燃性构件。

42. 答案：B

【解析】丁、戊类高层厂房（仓库）室内消火栓的设计流量可按本表减少 10L/s，同时使用消防水枪数量可按本表减少 2 支。

43. 答案：B

【解析】下列建筑或场所应设置室内消火栓系统：高层公共建筑和建筑高度大于 21 m 的住宅建筑。

44. 答案：A

【解析】甲、乙类厂房和甲、乙、丙类仓库内的防火墙，其耐火极限不应低于 4.00h。

45. 答案：D

【解析】民用建筑的耐火等级应根据其建筑高度、使用功能、重要性和火灾扑救难度等确定，并应符合下列规定：（1）地下或半地下建筑（室）和一类高层建筑的耐火等级不应低于一级。C 正确、D 错误。（2）单、多层重要公共建筑和二类高层建筑的耐火等级不应低于二级。AB 正确。

46. 答案：A

【解析】消防给水设施是建筑消防给水系统的重要组成部分，其主要功能是为建筑消防给水系统储存并提供足够的消防水量和水压，确保消防给水系统的供水安全可靠。

47. 答案：D

【解析】火灾自动报警系统按应用范围可分为区域报警系统、集中报警系统和控制中心报警系统三类。

48. 答案：A

【解析】配置火灾自动报警系统的单位应当与城市火灾自动报警信息系统联网，并确保其正常运行。

49. 答案：D

【解析】建筑消防设施管理职责包括：各级政府及相关部门职责、单位自主管理职责、消防监督管理职责。

二、多选题

1. 答案：ABC

【解析】丁、戊类厂房内的油漆工段，当采用封闭喷漆工艺，封闭喷漆空间内保持负压、油漆工段设置可燃气体探测报警系统或自动抑爆系统，且油漆工段占所在防火分区建筑面积的比例不大于 20%。该厂房的火灾危险性为丁类，喷漆工段面积为 2 000×20% =400（m^2），只要喷漆工段面积小于等于 400 m^2，该厂房的火灾危险性不变。

2. 答案：DE

【解析】柴油机消防水泵应采用压缩式点火型采油机。A 选项错误。流量-扬程性能曲线应为无驼峰、无拐点的"光滑"曲线，该处不仅仅是文字的错误，"平滑"有要求曲线下降趋势较小的含义，但现行规范要求零流量时的压力不应超过设计压力的 140%，且不宜小于设计额定压力的 120%。出流量为设计流量的 150%时，其出口压力不应低于设计压力的 65%。B 选项错误。消防给水同一泵组的消防水泵型号宜一致，且工作泵不宜超过 3 台。C 选项错误。

3. 答案：CD

【解析】消防水泵应确保从接到启泵信号到水泵正常运转的自动启动时间不应大于 2 min，A 正确；消防水泵控制柜应设置机械应急启泵功能，机械应急启动时，应确保消防水泵在报警 5.0 min 内正常工作，B 正确；以备用电源切换方式或备用泵切换启动消防水泵时，消防水泵应分别在 1 min 或 2 min 内投入正常运行，CD 错误；以自动直接启动或手动直接启动消防水泵时，消防水泵应在 55 s 投入正常运行，且应无不良噪声和振动，E 正确。

4. 答案：BDE

【解析】消防水泵出水管的直径小于 DN250 时，其流速宜为 1.5 m/s ~ 2.0 m/s；直径大于 DN250 时，宜为 2.0 m/s ~ 2.5 m/s，AC 错误；消防水泵吸水管的直径小于 DN250 时，其流速宜为 1.0 m/s ~ 1.2 m/s；直径大于 DN250 时，宜为 1.2 m/s ~ 1.6 m/s，BD 正确；消防给水管道的设计流速不宜大于 2.5 m/s，E 正确。

5. 答案：ABD

【解析】当高位消防水箱不能满足规范规定的静压要求时，应设稳压泵，A 错误；稳压泵的设计流量不应小于消防给水系统管网的正常泄漏量和系统自动启动流量，B 错误；稳压泵的设计压力应保持系统最不利点处水灭火设施在准工作状态时的静水压力应大于 0.15 MPa，C 正确；设置稳压泵的临时高压消防给水系统应设置防止稳压泵频繁启停的技术措施，当采用气压水罐时，其调节容积应根据稳压泵启泵次数不大于 15 次/h 计算确定，但有效储水容积不宜小于 150 L，D 错误；稳压泵应设置备用泵，E 正确。

6. 答案：CDE

【解析】一组消防水泵，吸水管不应少于两条，当其中一条损坏或检修时，其余吸水管应仍能通过全部消防给水设计流量，A 错误；消防水泵吸水管水平管段上不应有气囊和漏气现象，变径连接时，应采用偏心异径管件并应采用管顶平接，B 错误；消防水泵出水管压力表的最大量程不应低于其设计工作压力的 2 倍，且不应低于 1.60 MPa，C 正确；系统的总出水管上还应安装压力表和压力开关，压力表量程在没有设计要求时，应为系统工作压力的 2 倍～2.5 倍，D 正确；一组消防水泵应设不少于两条的输水干管与消防给水环状管网连接，当其中一条输水管检修时，其余输水管应仍能供应全部消防给水设计流量，E 正确。

7. 答案：CD

【解析】消防给水及消火栓系统技术规范规定，符合下列条件时，消防给水系统应分区供水：（1）系统工作压力大于 2.40 MPa；（2）消火栓栓口处静压大于 1.0 MPa；（3）自动水灭火系统报警阀处的工作压力大于 1.60 MPa 或喷头处的工作压力大于 1.20 MPa。

8. 答案：BCE

【解析】室外消防给水管道的布置要求：（1）室外消防给水采用两路消防供水时，应布置成环状，但当采用一路消防供水时，可布置成枝状。（2）向环状管网输水的进水管不应少于两条，当其中一条发生故障时，其余的进水管应能满足消防用水总量的供给要求。（3）环状管道应采用阀门分成若干独立段，每段内室外消火栓的数量不宜超过 5 个。室外消防给水管道的直径不应小于 DN100，有条件时，应不小于 DN150。

9. 答案：ADE

【解析】室外消防给水引入管当设有倒流防止器，且火灾时因其水头损失导致室外消火栓不能满足本规范要求时，应在该倒流防止器前设置一个室外消火栓，A 错误；建筑室外消火栓的数量应根据室外消火栓设计流量和保护半径经计算确定，保护半径不应大于 150.0 m，每个室外消火栓的出流量宜按 10 L/s～15 L/s 计算，BC 正确；停车场的室外消火栓宜沿停车场周边设置，且与最近一排汽车的距离不宜小于 7 m，距加油站或油库不宜小于 15 m，D 错误；工艺装置区等采用高压或临时高压消防给水系统的场所，其周围应设置室外消火栓，数量应根据设计流量经计算确定，且间距不应大于 60.0 m，E 错误。

10. 答案：BDE

【解析】建筑物室外宜采用低压消防给水系统，当采用市政给水管网供水时，应符合下列规定：应采用两路消防供水，除建筑高度超过 54 m 的住宅外，室外消火栓设计流量小于等于 20 L/s 时可采用一路消防供水。

11. 答案：AC

【解析】下列场所的室内消火栓给水系统应设置消防水泵接合器：（1）高层民用建筑；（2）设有消防给水的住宅、超过 5 层的其他多层民用建筑；

（3）超过 2 层或建筑面积大于 10 000 m^2 的地下或半地下建筑（室）、室内消火栓设计流量大于 10 L/s 平战结合的人防工程；（4）高层工业建筑和超过 4 层的多层工业建筑；（5）城市交通隧道。自动喷水灭火系统、水喷雾灭火系统、泡沫灭火系统和固定消防炮灭火系统等水灭火系统，均应设置消防水泵接合器。

12. 答案：CD

【解析】临时高压消防给水系统的高位消防水箱的有效容积应满足初期火灾消防用水量的要求，并应符合下列规定：一类高层公共建筑，不应小于 36 m^3，但当建筑高度大于 100 m 时，不应小于 50 m^3，当建筑高度大于 150 m 时，不应小于 100 m^3。高位消防水箱的设置应高于其所服务的水灭火设施，且最低有效水位应满足水灭火设施最不利点处的静水压力，并应按下列规定确定：一类高层公共建筑，不应低于 0.10 MPa，但当建筑高度超过 100 m 时，不应低于 0.15 MPa。高位消防水箱出水管位于高位消防水箱最低水位以下，并设置了防止消防用水进入高位消防水箱的止回阀。当采用柴油机消防水泵时应符合下列规定：柴油机消防水泵应采用压缩式点火型柴油机。室内消火栓给水管网宜与自动喷水等其他水灭火系统的管网分开设置；当合用消防泵时，供水管路沿水流方向应在报警阀前分开设置。

13. 答案：ABD

【解析】分区供水形式应根据系统压力、建筑特征，经技术经济和安全可靠性等综合因素确定，可采用消防水泵并行或串联、减压水箱和减压阀减压的形式，但当系统的工作压力大于 2.40 MPa 时，应采用消防水泵串联或减压水箱分区供水形式。

14. 答案：ABCE

【解析】室外消火栓的设置范围：（1）在城市、居住区、工厂、仓库等的规划和建筑设计中，必须同时设计消防给水系统；城镇（包括居住区、商业区、开发区、工业区等）应沿可通行消防车的街道设置市政消火栓系统。（2）民用建筑、厂房（仓库）、储罐（区）、堆场周围应设室外消火栓。（3）用于消防救援和消防车停靠的屋面上，应设置室外消火栓系统。（4）耐火等级不低于二级，且建筑物体积小于或等于 3 000 m^3 的戊类厂房，或居住区人数不超过 500 人且建筑物层数不超过两层的居住区，可不设置室外消防给水系统。

15. 答案：ABD

【解析】当高位消防水箱不能满足规范规定的静压要求时，应设稳压泵，A 选项错误；稳压泵的设计流量不应小于消防给水系统管网的正常泄漏量和系统自动启动流量，B 选项错误；稳压泵的设计压力应保持系统最不利点水灭火设施在准工作状态时的静水压力大于 0.15 MPa，C 选项正确；设置稳压泵的临时高压消防给水系统应设置防止稳压泵频繁启停的技术措施，当采用气压水罐时，其调节容积应根据稳压泵启泵次数不大于 15 次/h 计算确定，但有效储水容积不宜小于 150 L，D 选项错误；稳压泵应设置备用泵，E 选项正确。

16. 答案：ABD

【解析】人员密集的公共建筑、建筑高度大于 100 m 的建筑和建筑面积大于 200 m^2 的商业服务网点内，应设置消防软管卷盘或轻便消防水龙。高层住宅建筑的户内宜配置轻便消防水龙。老年人照料设施内应设置与室内供水系统直接连接的消防软管卷盘，消防软管卷盘的设置间距不应大于 30.0 m。

17. 答案：ACE

【解析】室内消火栓应采用 DN65 室内消火栓，并可与消防软管卷盘或轻便水龙设置在同一箱体内。A 选项正确。消火栓栓口动压力不应大于 0.50 MPa。B 选项错误。高层建筑、厂房、库房和室内净空高度超过 8 m 的民用建筑等场所，其消火栓栓口动压不应小于 0.35 MPa，且消防水枪充实水柱达到 13 m；其他场所的消火栓栓口动压不应小于 0.25 MPa，且消防水枪充实水柱应达到 10 m。C、E 选项正确。室内消火栓应配置公称直径 65 有内衬里的消防水带，长度不宜超过 25.0 m。D 选项错误。

18. 答案：BCE

【解析】室内消火栓栓口压力和消防水枪充实水柱，应符合下列规定：（1）消火栓栓口动压力不应大于 0.50 MPa，当大于 0.70 MPa 时必须设置减压装置。（2）高层建筑、厂房、库房和室内净空高度超过 8 m 的民用建筑等场所，消火栓栓口动压不应小于 0.35 MPa，且消防水枪充实水柱应按 13 m 计算；其他场所，消火栓栓口动压不应小于 0.25 MPa，且消防水枪充实水柱应按 10 m 计算。

19. 答案：ADE

【解析】室外消防给水引入管当设有倒流防止器，且火灾时因其水头损失导致室外消火栓不能满足本规范的要求时，应在该倒流防止器前设置一个室外消火栓，A 选项错误；建筑室外消火栓的数量应根据室外消火栓设计流量和保护半径经计算确定，保护半径不应大于 150.0 m，每个室外消火栓的出流量宜按 10 L/s ~ 15 L/s 计算，B、C 选项正确；停车场的室外消火栓宜沿停车场周边设置，且与最近一排汽车的距离不宜小于 7 m，距加油站或油库不宜小于 15 m，D 选项错误；工艺装置区等采用高压或临时高压消防给水系统的场所，其周围应设置室外消火栓，数量应根据设计流量经计算确定，且间距不应大于 60.0 m，E 选项错误。

模块四

项目一

1. 答案：A

【解析】自动喷水灭火系统根据所使用喷头的形式，可分为闭式自动喷水灭火系统和开式自动喷水灭火系统。

2. 答案：D

【解析】预作用系统是准工作状态时配水管道内不充水，发生火灾时由火灾自动报警系统、充气管道上的压力开关联锁控制预作用装置和启动消防水泵，向配水管道供水的闭式系统。

3. 答案：C

【解析】湿式系统中用于火灾探测的部件是闭式喷头。

4. 答案：A

【解析】湿式系统适合在温度不低于 4℃且不高于 70℃的环境中使用。

5. 答案：C

【解析】闭式系统包括：湿式系统、干式系统、预作用系统和防护冷却系统。

6. 答案：B

【解析】在干式系统中，具有起火区域确定作用的是水流指示器。

7. 答案：D

【解析】干式系统适合在温度低于 4℃或高于 70℃的环境中使用。

8. 答案：D

【解析】干式系统无延迟器。

9. 答案：B

【解析】预作用系统特别适合于：（1）准工作状态时严禁误喷的场所；（2）准工作状态时严禁管道充水的场所；（3）用于替代干式系统的场所。

10. 答案：D

【解析】发生火灾时，雨淋系统由火灾自动报警系统或传动管控制，自动开启雨淋报警阀和供水泵，向系统管网供水，由雨淋阀控制的开式喷头同时喷水。

11. 答案：C

【解析】雨淋系统无延迟器、水流指示器。其水流报警装置采用压力开关。

12. 答案：C

【解析】雨淋系统主要适用于需大面积喷水、快速扑灭火灾的特别危险场所。另外，火灾水平蔓延快、室内净空高、严重危险级Ⅱ级的场所，应采用雨淋系统。

13. 答案：D

【解析】水幕系统：由开式洒水喷头或水幕喷头、雨淋报警阀组或感温雨淋报警阀组、供水与配水管道、控制阀以及水流报警装置（水流指示器或压力开关）等组成。与前几种系统的不同之处在于，水幕系统不具备直接灭火的能力，而是用于防火分隔和冷却保护分隔物。

14. 答案：D

【解析】水幕系统：由开式洒水喷头或水幕喷头、雨淋报警阀组或感温雨淋报警阀组、供水与配水管道、控制阀以及水流报警装置（水流指示器或压力开关）等组成。

15. 答案：C

【解析】水幕系统应设独立的报警阀组或感温雨淋报警阀。

16. 答案：B

【解析】防火分隔水幕和防护冷却水幕的喷头工作压力为 0.10 MPa。

17. 答案：D

【解析】防火分隔水幕系统属于开式灭火系统。

18. 答案：D

【解析】自动喷水灭火系统选型应根据设置场所的建筑特征、环境条件和火灾特点等选择相应的开式或闭式系统。露天场所不宜采用闭式系统。

19. 答案：B

【解析】干式系统、预作用系统、重复启闭预作用系统准工作状态下管道内充满有压气体。防护冷却系统准工作状态下管道内充满有压水。

20. 答案：B

【解析】响应时间指数 RTI≤50（m·s）$^{0.5}$ 的闭式洒水喷头是快速响应喷头。

21. 答案：B

【解析】特殊响应洒水喷头的响应时间指数为 50（m·s）$^{0.5}$ < RTI≤80（m·s）$^{0.5}$。

22. 答案：C

【解析】标准响应洒水喷头的响应时间指数为 80（m·s）$^{0.5}$ < RTI≤350（m·s）$^{0.5}$。

23. 答案：C

【解析】标准覆盖面积洒水喷头：流量系数 K≥80，一只喷头的最大保护面积不超过 20 m^2 的直立型、下垂型洒水喷头及一只喷头的最大保护面积不超过 18 m^2 的边墙型洒水喷头。

24. 答案：A

【解析】轻危险级场所采用直立型、下垂型标准覆盖面积洒水喷头，一只喷头的最大保护面积为 20.0 m^2。

25. 答案：A

【解析】扩大覆盖面积洒水喷头：流量系数 K≥80，一只喷头的最大保护面积大于标准覆盖面积洒水喷头的保护面积，且不超过 36 m^2 的洒水喷头，包括直立型、下垂型和边墙型扩大覆盖面积洒水喷头。

26. 答案：B

【解析】标准流量洒水喷头：流量系数 K=80 的标准覆盖面积洒水喷头。

27. 答案：D

【解析】响应时间指数 RTI≤（28±8）$(m\cdot s)^{0.5}$ 的喷头为早期抑制快速响应喷头。

28. 答案：C

【解析】早期抑制快速响应喷头：流量系数 $K\geqslant161$，响应时间指数 RTI≤（28±8）$(m\cdot s)^{0.5}$，用于保护堆垛与高架仓库的标准覆盖面积洒水喷头。

29. 答案：D

【解析】特殊应用喷头：流量系数 $K\geqslant161$，具有较大水滴粒径，在通过标准试验验证后，可用于民用建筑和厂房高大空间场所以及仓库的标准覆盖面积洒水喷头，包括非仓库型特殊应用喷头和仓库型特殊应用喷头。

30. 答案：D

【解析】根据规范规定：采用闭式系统且设置仓库型特殊应用喷头的仓库，最大净空高度为 12 m。

31. 答案：C

【解析】每个防火分区、楼层均应设直径为 25 mm 的试水阀。

32. 答案：C

【解析】适用场所：自动喷水灭火系统应在人员密集、不易疏散、外部增援灭火与救生较困难的性质重要或火灾危险性较大的场所中设置。

33. 答案：B

【解析】高位消防水箱的设置位置应高于其所服务的水灭火设施，且最低有效水位应满足水灭火设施最不利点处的静水压力，并应按下列规定确定：自动喷水灭火系统等自动水灭火系统应根据喷头灭火需求压力确定，但最小不应小于 0.10 MPa。

34. 答案：D

【解析】室内应采用高压或临时高压消防给水系统，且不应与生产生活给水系统合用；但当自动喷水灭火系统局部应用系统和仅设有消防软管卷盘或轻便水龙的室内消防给水系统时，可与生产生活给水系统合用。

35. 答案：B

【解析】高位消防水箱的设置位置应高于其所服务的水灭火设施，且最低有效水位应满足水灭火设施最不利点处的静水压力，并应按下列规定确定：（1）一类高层公共建筑，不应低于 0.10 MPa，但当建筑高度超过 100 m 时，不应低于 0.15 MPa；（2）高层住宅、二类高层公共建筑、多层公共建筑，不应低于 0.07 MPa，多层住宅不宜低于 0.07 MPa；（3）工业建筑不应低于 0.10 MPa，当建筑体积小于 20 000 m^3 时，不宜低于 0.07 MPa；（4）自动喷水灭火系统等自动水灭火系统应根据喷头灭火需求压力确定，但最小不应小于 0.10 MPa；（5）当高位消防水箱不能满足本条（1）～（4）的静压要求时，应设稳压泵。

36. 答案：C

【解析】设置高压给水系统的汽车库、修车库，当能保证最不利点消火栓和自动喷水灭火系统等的水量和水压时，可不设置消防水箱。设置临时高压消防给水系统的汽车库、修车库，应设置屋顶消防水箱，其容量不应小于 12 m^3，并应符合现行国家标准《消防给水及消火栓系统技术规范》（GB50974）的有关规定。消防用水与其他用水合用的水箱，应采取保证消防用水不作他用的技术措施。

37. 答案：D

【解析】消防给水系统试验装置处应设置专用排水设施，排水管径应符合下列规定：（1）自动喷水灭火系统等自动水灭火系统末端试水装置处的排水立管管径，应根据末端试水装置的泄流量确定，并不宜小于 DN75；（2）报警阀处的排水立管宜为 DN100；（3）减压阀处的压力试验排水管道直径应根据减压阀流量确定，但不应小于 DN100。

38. 答案：C

【解析】一起火灾灭火所需消防用水的设计流量应由建筑的室外消火栓系统、室内消火栓系统、自动喷水灭火系统、泡沫灭火系统、水喷雾灭火系统、固定消防炮灭火系统、固定冷却水系统等需要同时作用的各种水灭火系统的设计流量组成，并应符合下列规定：（1）应按需要同时作用的各种水灭火系统最大设计流量之和确定；（2）两座及以上建筑合用消防给水系统时，应按其中一座设计流量最大者确定；（3）当消防给水与生活、生产给水合用时，合用系统的给水设计流量应为消防给水设计流量与生活、生产用水最大小时流量之和。计算生活用水最大小时流量时，淋浴用水量宜 15%计，浇洒及洗刷等火灾时能停用的用水量可不计。

39. 答案：C

【解析】自喷系统应设消防水泵接合器，其数量应按系统的设计流量确定，每个消防水泵接合器的流量宜按 10 L/s ~ 15 L/s 计算。

40. 答案：D

【解析】当自动喷水灭火系统中设有 2 个及以上报警阀组时，报警阀组前应设环状供水管道。环状供水管道上设置的控制阀应采用信号阀；当不采用信号阀时，应设锁定阀位的锁具。

41. 答案：C

【解析】当建筑物内同时设有自动喷水灭火系统和水幕系统时，系统的设计流量应按同时启用的自动喷水灭火系统和水幕系统的用水量计算，并应按二者之和中的最大值确定。

项目二

1. 答案：A

【解析】湿式自动喷水灭火系统由闭式喷头、湿式报警阀组、水流指示器或压力开关、供水与配水管道以及供水设施等组成。

2. 答案：A

【解析】湿式自动喷水灭火系统（以下简称湿式系统）：由闭式喷头、湿式报警阀组、水流指示器或压力开关、供水与配水管道以及供水设施等组成，在准工作状态时，配水管道内充满用于启动系统的有压水。

3. 答案：D

【解析】民用建筑和厂房采用湿式系统时，系统最不利点处洒水喷头的工作压力不应低于 0.05 MPa。

4. 答案：A

【解析】干式自动喷水灭火系统由闭式喷头、干式报警阀组、水流指示器或压力开关、供水与配水管道、充气设备以及供水设施等组成。

5. 答案：C

【解析】预作用自动喷水灭火系统（以下简称预作用系统）：由闭式喷头、预作用装置、水流报警装置、供水与配水管道、充气设备和供水设施等组成。在准工作状态时，配水管道内不充水，发生火灾时，由火灾报警系统、充气管道上的压力开关联锁控制预作用装置和启动消防水泵，并转换为湿式系统。

6. 答案：C

【解析】预作用自动喷水灭火系统由闭式喷头、预作用报警阀组、水流报警装置、供水与配水管道、充气设备和供水设施等组成。

7. 答案：B

【解析】雨淋自动喷水灭火系统：由开式喷头、雨淋报警阀组、水流报警装置、供水与配水管道以及供水设施等组成。其系统管道与大气相连通，无需充气设备。

8. 答案：C

【解析】雨淋系统有电动、液动和气动控制方式。

项目三

1. 答案：B

【解析】建筑高度为 24 m 及以下的旅馆、办公楼设置自动喷水灭火系统火灾危险等级为轻危险级。

2. 答案：B

【解析】轻危险级场所设有自动喷水灭火系统保护，系统安装了边墙型标准覆盖面积洒水喷头，该系统配水支管上喷头的最大间距为 3.6 m，两排相对喷头的最大保护跨度为 7.2 m。

3. 答案：A

【解析】住宅建筑的火灾危险等级属于轻危险级。

4. 答案：D

【解析】具有下列条件之一的场所，应采用雨淋系统：（1）火灾的水平蔓延速度快、闭式洒水喷头的开放不能及时使喷水有效覆盖着火区城的场所；（2）设置场所的净空高度超过本规范的规定，且必须迅速扑救初期火灾的场所；（3）火灾危险等级为严重危险级Ⅱ级的场所。

5. 答案：A

【解析】总建筑面积小于 5 000 m^2 的商场设置自动喷水灭火系统火灾危险等级为中危Ⅰ级。

6. 答案：B

【解析】冷藏库设置自动喷水灭火系统火灾危险等级为中危Ⅰ级。

7. 答案：B

【解析】总建筑面积 1 000 m^2 及以上的地下商场设置自动喷水灭火系统火灾危险等级为中危Ⅱ级。

8. 答案：B

【解析】书库、舞台设置自动喷水灭火系统火灾危险等级为中危Ⅱ级。

9. 答案：A

【解析】啤酒厂房设置自动喷水灭火系统火灾危险等级为中危Ⅰ级。

10. 答案：B

【解析】洁净厂房设置自动喷水灭火系统火灾危险等级为中危Ⅱ级。

11. 答案：A

【解析】国家文物保护单位设置自动喷水灭火系统火灾危险等级为中危Ⅰ级。

12. 答案：A

【解析】建筑高度为 50 m 的办公楼的火灾危险等级为中危险级Ⅰ级；建筑高度为 23 m 的四星级旅馆的火灾危险等级为轻危险级；舞台（葡萄架除外）的火灾危险等级为中危险级Ⅱ级；总建筑面积 5 000 m^2 及以上的商场的火灾危险等级为中危险级Ⅱ级。

13. 答案：C

【解析】局部应用系统应用于室内最大净空高度不超过 8 m 的民用建筑中，为局部设置且保护区域总建筑面积不超过 1 000 m^2 的湿式系统。设置局部应用系统的场所应为轻危险级或中危险级Ⅰ级场所。

14. 答案：C

【解析】局部应用系统应用于室内最大净空高度不超过 8 m 的民用建筑中，为局部设置且保护区域总建筑面积不超过 1 000 m^2 的湿式系统。设置局部应用系统的场所应为轻危险级或中危险级Ⅰ级场所。

15. 答案：A

【解析】中危险级Ⅰ级场所设有自动喷水灭火系统保护，系统安装了边墙型标准覆盖面积洒水喷头，该系统配水支管上喷头的最大间距为 3.0 m，两排相对喷头的最大保护跨度为 6.0 m。

16. 答案：C

【解析】中危险级Ⅰ级场所设有自动喷水灭火系统保护，系统安装了直立型、下垂型扩大覆盖面积洒水喷头，一只喷头的最大保护面积为 23.0 m^2。

17. 答案：D

【解析】中危险级 II 级场所设有自动喷水灭火系统保护，系统安装了直立型、下垂型扩大覆盖面积洒水喷头，一只喷头的最大保护面积为 17.5 m^2。

18. 答案：A

【解析】干式自动喷水灭火系统的作用面积应按规范规定值的 1.3 倍确定，中危险级 I 级的作用面积为 160 m^2，因此 $1.3\times160=208$（m^2）。

19. 答案：B

【解析】净空高度不超过 8 m、物品高度超过 3.5 m 的超级市场设置自动喷水灭火系统火灾危险等级为严重危险级 I 级。

20. 答案：D

【解析】摄影棚、舞台葡萄架下部设置自动喷水灭火系统火灾危险等级为严重险级 II 级。

21. 答案：D

【解析】演播室设置自动喷水灭火系统火灾危险等级为严重危险级 II 级。

22. 答案：C

【解析】老年人建筑的自动喷水灭火系统火灾危险性为轻危险级，作用面积为 160 m^2；火车站候车厅属于中危险 I 级，作用面积为 160 m^2；舞台葡萄架下部属于严重危险级 II 级，作用面积为 260 m^2；造纸厂的车间属于中危险 II 级，作用面积为 160 m^2。

23. 答案：B

【解析】严重危险级场所设有自动喷水灭火系统保护，系统安装了直立型、下垂型扩大覆盖面积洒水喷头，一只喷头的最大保护面积为 13 m^2。

24. 答案：B

【解析】电视台摄影棚的自动喷水灭火系统设置场所危险等级为严重危险 I 级，雨淋系统的喷水强度和作用面积应按本规范的规定值确定，且每个雨淋报警阀控制的喷水面积不宜大于规范中的作用面积，严重危险 II 级的作用面积为 260m^2，$530\div260\approx3$。

25. 答案：A

【解析】储存烟酒的仓库属于仓库危险级 I 级；冷藏库属于中危险级 I 级；木材仓库属于仓库危险级 II 级；摄影棚属于严重危险级 II 级。

26. 答案：B

【解析】最大净空高度超过 8 m 的超级市场采用湿式系统的设计基本参数应按自动喷水灭火系统设计规范执行。（即按仓库及类似场所规定）

27. 答案：B

【解析】建筑物中保护局部场所的干式系统、预作用系统、雨淋系统、自动喷水-泡沫联用系统，可串联接入同一建筑物内的湿式系统，并应与其配水干管连接。

28. 答案：A

【解析】符合下列条件之一的场所，宜采用设置早期抑制快速响应喷头的自动喷水灭火系统。当采用早期抑制快速响应喷头时，系统应为湿式系统，且系统设计基本参数应符合本规范的规定。最大净空高度不超过 13.5 m 且最大储物高度不超过 12.0 m，储物类别为仓库危险级Ⅰ、Ⅱ级或沥青制品、箱装不发泡塑料的仓库及类似场所。

29. 答案：D

【解析】应设货架内置洒水喷头场所：货架仓库的最大净空高度或最大储物高度超过自喷规范的规定，且货架内置洒水喷头上方的层间隔板应为实层板，货架仓库的最大净空高度≥13.5 m；最大储物高度≥12.0 m。

30. 答案：D

【解析】根据规范规定：采用闭式系统且设置早期抑制快速响应喷头的仓库，最大净空高度为 13.5 m。

31. 答案：D

【解析】民用建筑和厂房高大空间场所采用湿式系统的设计基本参数不应低于规定：烟酒仓库危险等级为 I 级。仓库危险级 I 级、II 级场所应在自地面起每 3m 设置一层货架内置洒水喷头，A 错误；仓库危险级 III 级场所最高层货架内置洒水喷头与储物顶部的距离不应超过 3 m，B 错误；当采用流量系数等于 80 的标准覆盖面积洒水喷头时，工作压力不应小于 0.20 MPa；当采用流量系数等于 115 的标准覆盖面积洒水喷头时，工作压力不应小于 0.10 MPa。C 错误，D 正确。

32. 答案：B

【解析】符合下列条件之一的场所，宜采用设置早期抑制快速响应喷头的自动喷水灭火系统。当采用早期抑制快速响应喷头时，系统应为湿式系统，且系统设计基本参数应符合本规范的规定。最大净空高度不超过 12.0 m 且最大储物高度不超过 10.5 m，储物类别为袋装不发泡塑料、箱装发泡塑料和袋装发泡塑料的仓库及类似场所。

33. 答案：C

【解析】符合下列条件之一的场所，宜采用设置仓库型特殊应用喷头的自动喷水灭火系统，系统设计基本参数应符合本规范的规定。最大净空高度不超过 7.5 m 且最大储物高度不超过 6.0 m，储物类别为袋装不发泡塑料和箱装发泡塑料的仓库及类似场所。

34. 答案：A

【解析】防护冷却水幕应直接将水喷向被保护对象；防火分隔水幕不宜用于尺寸超过 15 m（宽）×8 m（高）的开口（舞台口除外）。

35. 答案：B

【解析】仅在走道设置洒水喷头的闭式系统，其作用面积应按最大疏散距离所对应的走道面积确定。

36. 答案：C

【解析】干式系统的喷水强度应按自喷规范的规定值确定，系统作用面积应按对应值的 1.3 倍确定。

37. 答案：C

【解析】预作用系统的设计要求应符合下列规定：（1）系统的喷水强度应按自喷规范的规定值确定；（2）当系统采用仅由火灾自动报警系统直接控制预作用装置时，系统的作用面积应按自喷规范规定值确定；（3）当系统采用由火灾自动报警系统和充气管道上设置的压力开关控制预作用装置时，系统的作用面积应按自喷规范的规定值的 1.3 倍确定。

38. 答案：D

【解析】装设网格、栅板类通透性吊顶的场所，系统的喷水强度应按自喷规范的规定值的 1.3 倍确定，且喷头布置应按自喷的规定执行。

39. 答案：C

【解析】利用有压气体作为系统启动介质的干式系统和预作用系统，其配水管道内的气压值应根据报警阀的技术性能确定；利用有压气体检测管道是否严密的预作用系统，配水管道内的气压值不宜小于 0.03 MPa，且不宜大于 0.05 MPa。

40. 答案：A

【解析】住宅建筑的自动喷水灭火系统火灾危险性为轻危险级，根据规范规定：轻危险级场所的喷水强度不低于 4 L/（min • m^2）。

41. 答案：C

【解析】该商场的自动喷水灭火系统火灾危险性为中危险级 II 级，根据规范规定：采用湿式系统时，其喷水强度不低于 8 L/（min • m^2）。

42. 答案：A

【解析】木结构古建筑的自动喷水灭火系统火灾危险性为中危险级 I 级，根据规范规定：采用湿式系统时，其喷水强度不低于 6 L/（min • m^2）。

43. 答案：C

【解析】酒精制品厂房的自动喷水灭火系统火灾危险性为严重危险级 I 级，根据规范规定：采用湿式系统时，其喷水强度不低于 12 L/（min • m^2）。

44. 答案：D

【解析】摄影棚的自动喷水灭火系统火灾危险性为严重危险级 II 级，根据规范规定：采用湿式系统时，其喷水强度不低于 16 L/（min • m^2）。

45. 答案：A

【解析】民用建筑和厂房高大空间场所（中庭、体育馆、航站楼），最大净空高度为 8 m$<h\leq$12 m，采用湿式系统时，喷水强度不低于 12 L/（min • m^2）。

46. 答案：B

【解析】民用建筑和厂房高大空间场所（中庭、体育馆、航站楼）

最大净空高度为 12 m < h≤18 m，采用湿式系统时，喷水强度不低于 15 L/（min·m²）。

47. 答案：B

【解析】民用建筑和厂房高大空间场所（影剧院、音乐厅、会展中心）最大净空高度为 8 m < h≤12 m，采用湿式系统时，喷水强度不低于 15 L/（min·m²）。

48. 答案：C

【解析】民用建筑和厂房高大空间场所（影剧院、音乐厅、会展中心）最大净空高度为 12 m < h≤18 m，采用湿式系统时，喷水强度不低于 20 L/（min·m²）。

49. 答案：B

【解析】民用建筑和厂房高大空间场所（制衣制鞋、玩具、木器、电子生产车间等厂房）最大净空高度为 8 m < h≤12 m，采用湿式系统时，喷水强度不低于 15 L/（min·m²）。

50. 答案：D

【解析】厂房高大空间场所（棉纺厂、麻纺厂、泡沫塑料生产车间等），最大净空高度为 8 m < h≤12 m，采用湿式系统时，喷水强度不低于 20 L/（min·m²）。

51. 答案：A

【解析】当民用建筑高大空间场所的最大净空高度为 12 m < h≤18 m 时，应采用非仓库型特殊应用喷头。

52. 答案：A

【解析】设置自喷的仓库及类似场所，货架储存应采用钢制货架，并应采用通透层板，且层板中通透部分的面积不应小于层板总面积的 50%。

53. 答案：B

【解析】装设网格、栅板类通透性吊顶的场所，当通透面积占吊顶总面积的比例大于 70%时，喷头应设置在吊顶上方。

54. 答案：B

【解析】装设网格、栅板类通透性吊顶的场所，当通透面积占吊顶总面积的比例大于 70%时，喷头应设置在吊顶上方，并应符合下列规定：通透性吊顶开口部位的净宽度不应小于 10 mm，且开口部位的厚度不应大于开口的最小宽度。

55. 答案：C

【解析】设置通透性吊顶的轻危险级、中危险级 I 级场所，喷头间距为 3.0 m < S≤3.6 m 时，喷头溅水盘与吊顶上表面的最小距离为 600 mm。

56. 答案：D

【解析】设置通透性吊顶的中危险级 II 级场所，喷头间距 S > 3.0 m 时，喷头溅水盘与吊顶上表面的最小距离为 900 mm。

57. 答案：C

【解析】因为直立型、下垂型标准喷头溅水盘与顶板的距离不应小于 75 mm，且不应大于 150 mm；在有障碍物时，喷头溅水盘与顶板的距离不应大于 550 mm。

58. 答案：D

【解析】仓库危险级 I 级、II 级场所应在自地面起每 3.0 m 设置一层货架内置洒水喷头。

59. 答案：C

【解析】仓库危险级III级场所应在自地面起每 1.5 m ~ 3.0 m 设置一层货架内置洒水喷头，且最高层货架内置洒水喷头与储物顶部的距离不应超过 3.0 m。

60. 答案：D

【解析】货架内置洒水喷头的设置应符合下列规定：洒水喷头间距不应大于 3 m，且不应小于 2 m。

61. 答案：A

【解析】严重危险级或仓库危险级场所宜采用流量系数大于 80 的洒水喷头。

62. 答案：B

【解析】货架内置洒水喷头的设置应符合下列规定：当采用流量系数等于 80 的标准覆盖面积洒水喷头时，工作压力不应小于 0.20 MPa；当采用流量系数等于 115 的标准覆盖面积洒水喷头时，工作压力不应小于 0.10 MPa。

63. 答案：A

【解析】货架内置洒水喷头的设置应符合下列规定：当采用流量系数等于 80 的标准覆盖面积洒水喷头时，工作压力不应小于 0.20 MPa；当采用流量系数等于 115 的标准覆盖面积洒水喷头时，工作压力不应小于 0.10 MPa。

64. 答案：C

【解析】货架内洒水喷头的间距不应大于 3 m，不应小于 2 m。

65. 答案：B

【解析】中危险级 I 级场所内，一只直立型标准覆盖面积西水喷头的最大保护面积为 12.5 m^2。3000÷12.5=240（只）。

66. 答案：A

【解析】设置 2 层及以上货架内置洒水喷头时，洒水喷头应交错布置。

67. 答案：B

【解析】局部应用系统应采用快速响应洒水喷头，喷水强度应符合本规范的规定，持续喷水时间不应低于 0.5 h。

68. 答案：C

【解析】直立型、下垂型扩大覆盖面积洒水喷头应采用正方形布置，其布置间距不应大于规范的规定，且不应小于 2.4 m。

69. 答案：A

【解析】该综合楼的自动喷水灭火系统设置场所危险等级为中危险 I 级；一个报警阀组控制的洒水喷头数湿式系统、预作用系统不宜超过 800 只，干式系统不宜超过 500 只；规范中危险 I 级场所当采用直立型、下垂型扩大覆盖面积洒水喷头时，一只喷头的最大保护面积为 23 m^2，即 2200×8÷23÷800≈1，至少设置 1 台报警阀组。

70. 答案：C

【解析】一个报警阀组控制的洒水喷头数应符合下列规定：（1）湿式系统、预作用系统不宜超过 800 只，干式系统不宜超过 500 只；（2）当配水支管同时设置保护吊顶下方和上方空间的洒水喷头时，应只将数量较多一侧的洒水喷头计入报警阀组控制的洒水喷头总数。

71. 答案：C

【解析】根据规范：A 选项为中危 I 级场所，C 选项为中危险 I 级场所，D 选项为中危险 II 级场所；局部应用系统应用于室内最大净空高度不超过 8 m 的民用建筑中，为局部设置且保护区域总建筑面积不超过 1 000 m^2 的湿式系统。设置局部应用系统的场所应为轻危险级或中危险级 I 级场所。A 选项净高不满足要求，故错误；B 选项为工业建筑而非民用建筑，故错误；D 选项为中危险 II 级场所，错误。

72. 答案：D

【解析】防护冷却系统，喷头设置高度不应超过 8 m。

73. 答案：B

【解析】根据规范规定：当采用防护冷却系统保护防火卷帘、防火玻璃墙等防火分隔设施时，系统应独立设置，且应符合下列要求：喷头设置高度不应超过 8 m；当设置高度为 4 m ~ 8 m 时，应采用快速响应洒水喷头。

74. 答案：A

【解析】根据规范规定：当采用防护冷却系统保护防火卷帘、防火玻璃墙等防火分隔设施时，系统应独立设置，且应符合下列要求：喷头设置高度不超过 4 m 时，喷水强度不应小于 0.5 L/（s·m）；当超过 4 m 时，每增加 1 m，喷水强度应增加 0.1 L/（s·m）。

75. 答案：C

【解析】根据规范规定：当采用防护冷却系统保护防火卷帘、防火玻璃墙等防火分隔设施时，系统应独立设置，且应符合下列要求：喷头的设置应确保喷洒到被保护对象后布水均匀，喷头间距应为 1.8 m ~ 2.4 m；喷头溅水盘与防火分隔设施的水平距离不应大于 0.3 m。

76. 答案：B

【解析】当采用防护冷却系统保护防火卷帘、防火玻璃墙等防火分隔设施时，系统应独立设置，且应符合下列要求：喷头的设置应确保喷洒到被保护对象后布水均匀，喷头间距应为 1.8 m ~ 2.4 m；喷头溅水盘与防火分隔设施的水平距离不应大于 0.3 m。

77. 答案：C

【解析】挡水板应为正方形或圆形金属板，其平面面积不宜小于 0.12 m^2，周围弯边的下沿宜与洒水喷头的溅水盘平齐。

78. 答案：D

【解析】防火分隔水幕的喷水点高度为 $h\leqslant 12$ m，该系统喷水强度为 2.0 L/（s·m）。

79. 答案：C

【解析】防护冷却水幕的喷水点高度每增加 1 m，喷水强度应增加 0.1 L/（s·m），但超过 9 m 时喷水强度仍采用 1.0 L/（s·m）。

80. 答案：A

【解析】防护冷却水幕的喷水点高度为 $h\leqslant 4$ m，该系统喷水强度为 0.5 L/（s·m）。

81. 答案：C

【解析】除另有规定外，自喷持续喷水时间应按火灾延续时间不小于 1h 确定。

项目四

1. 答案：D

【解析】（1）控制管道静压：分区供水或设减压阀；（2）控制管道动压：减压孔板或节流管。

2. 答案：C

【解析】节流管应符合下列规定：直径宜按上游管段直径的 1/2 确定；长度不宜小于 1 m；节流管内水的平均流速不应大于 20 m/s。

3. 答案：A

【解析】干式系统和预作用系统的配水管道应设快速排气阀。有压充气管道的快速排气阀入口前应设电动阀。

4. 答案：D

【解析】闭式系统的洒水喷头，其公称动作温度宜高于环境最高温度 30℃。

5. 答案：A

【解析】设置货架内置洒水喷头的仓库，当货架内置洒水喷头上方有孔洞、缝隙时，可在洒水喷头的上方设置挡水板。

6. 答案：B

【解析】根据规范规定：最大净空高度为 7.5 m，最大储物高度为 6.0 m 的箱装发泡塑料仓库及类似场所采用仓库型特殊应用喷头时，持续喷水时间不应低于 1.0 h。

7. 答案：B

【解析】湿式系统的洒水喷头选型应符合下列规定：不做吊顶的场所，

当配水支管布置在梁下时，应采用直立型洒水喷头。

8. 答案：C

【解析】湿式系统的洒水喷头选型应符合下列规定：吊顶下布置的洒水喷头，应采用下垂型洒水喷头或吊顶型洒水喷头。

9. 答案：B

【解析】湿式系统的洒水喷头选型应符合下列规定：顶板为水平面的轻危险级、中危险级Ⅰ级住宅建筑、宿舍、旅馆建筑客房、医疗建筑病房和办公室，可采用边墙型洒水喷头。

10. 答案：B

【解析】自动喷水防护冷却系统可采用边墙型洒水喷头。

11. 答案：A

【解析】边墙型标准覆盖面积洒水喷头正前方 1.2 m 范围内，边墙型扩大覆盖面积洒水喷头和边墙型家用喷头正前方 2.4 m 范围内，顶板或吊顶下不应有阻挡喷水的障碍物。

12. 答案：D

【解析】湿式系统的洒水喷头选型应符合下列规定：顶板为水平面，且无梁、通风管道等障碍物影响喷头洒水的场所，可采用扩大覆盖面积洒水喷头。

13. 答案：C

【解析】湿式系统的洒水喷头选型应符合下列规定：住宅建筑和宿舍、公寓等非住宅类居住建筑宜采用家用喷头。

14. 答案：C

【解析】湿式系统的洒水喷头选型应符合下列规定：不宜选用隐蔽式洒水喷头；确需采用时，应仅适用于轻危险级和中危险级Ⅰ级场所。书库属于中危险级II 级，不宜选用隐蔽式洒水喷头。

15. 答案：C

【解析】预作用系统应采用直立型和干式下垂型喷头。

16. 答案：D

【解析】下列场所宜采用快速响应洒水喷头。当采用快速响应洒水喷头时，系统应为湿式系统：公共娱乐场所、中庭环廊；医院、疗养院的病房及治疗区域，老年、少儿、残疾人的集体活动场所；超出消防水泵接合器供水高度的楼层；地下商业场所。

17. 答案：D

【解析】下列场所宜采用快速响应洒水喷头，当采用快速响应洒水喷头时，系统应为湿式系统：公共娱乐场所、中庭环廊；医院、疗养院的病房及治疗区域，老年、少儿、残疾人的集体活动场所；超出消防水泵接合器供水高度的楼层；地下商业场所。

18. 答案：A

【解析】同一隔间内应采用相同热敏性能的洒水喷头。（即动作温度、玻璃球直径等应相同，但 K 流量系数可以不同）。

19. 答案：C

【解析】雨淋系统的防护区内应采用相同的洒水喷头。

20. 答案：D

【解析】自动喷水灭火系统应有备用洒水喷头，其数量不应少于总数的 1%，且每种型号均不得少于 10 只。

21. 答案：D

【解析】直立型、下垂型标准覆盖面积洒水喷头的布置间距不应大于规范的规定，且不应小于 1.8 m。

22. 答案：C

【解析】中危险级 II 级场所采用直立型、下垂型标准覆盖面积洒水喷头，一只喷头的最大保护面积为 11.5 m^2。

23. 答案：D

【解析】仓库危险级 II 级场所采用直立型、下垂型标准覆盖面积洒水喷头，一只喷头的最大保护面积为 9.0 m^2。

24. 答案：D

【解析】当梁、通风管道、成排布置的管道、桥架等障碍物的宽度大于 1.2 m 时，其下方应增设喷头。

25. 答案：A

【解析】用早期抑制快速响应喷头和特殊应用喷头的场所，当障碍物宽度大于 0.6 m 时，其下方应增设喷头。

26. 答案：B

【解析】（1）两排相对洒水喷头应交错布置；（2）室内跨度大于两排相对喷头的最大保护跨度时，应在两排相对喷头中间增设一排喷头。

27. 答案：D

【解析】除吊顶型洒水喷头及吊顶下设置的洒水喷头外，直立型、下垂型标准覆盖面积洒水喷头和扩大覆盖面积洒水喷头溅水盘与顶板的距离应为 75 mm ~ 150 mm。

28. 答案：D

【解析】除吊顶型洒水喷头及吊顶下设置的洒水喷头外，直立型、下垂型标准覆盖面积洒水喷头和扩大覆盖面积洒水喷头溅水盘与顶板的距离应为 75 mm ~ 150 mm，并应符合下列规定：当在梁或其他障碍物底面下方的平面上布置洒水喷头时，溅水盘与顶板的距离不应大于 300 mm，同时溅水盘与梁等障碍物底面的垂直距离应为 25 mm ~ 100 mm。

29. 答案：B

【解析】除吊顶型洒水喷头及吊顶下设置的洒水喷头外，直立型、下垂型标准覆盖面积洒水喷头和扩大覆盖面积洒水喷头溅水盘与顶板的距离应为 75 mm ~ 150 mm，并应符合下列规定：当在梁间布置洒水喷头时，洒水喷头与梁的距离应符合本规范的规定。确有困难时，溅水盘与顶板的距离不应大于 550 mm。

30. 答案：A

【解析】除吊顶型洒水喷头及吊顶下设置的洒水喷头外，直立型、下垂型标准覆盖面积洒水喷头和扩大覆盖面积洒水喷头溅水盘与顶板的距离应为 75 mm ~ 150 mm，并应符合下列规定：密肋梁板下方的洒水喷头，溅水盘与密肋梁板底面的垂直距离应为 25 mm ~ 100 mm。

31. 答案：C

【解析】货架内置洒水喷头宜与顶板下洒水喷头交错布置，其溅水盘与上方层板的距离应符合规范的规定，与其下部储物顶面的垂直距离不应小于 150 mm。

32. 答案：D

【解析】除吊顶型洒水喷头及吊顶下设置的洒水喷头外，直立型早期抑制快速响应喷头溅水盘与顶板的距离为 100 mm ~ 150 mm。

33. 答案：D

【解析】除吊顶型洒水喷头及吊顶下设置的洒水喷头外，下垂型早期抑制快速响应喷头溅水盘与顶板的距离为 150 mm ~ 360 mm。

34. 答案：B

【解析】除吊顶型洒水喷头及吊顶下设置的洒水喷头外，特殊应用喷头溅水盘与顶板的距离为 150 mm ~ 200 mm。

35. 答案：A

【解析】除吊顶型洒水喷头及吊顶下设置的洒水喷头外，家用喷头溅水盘与顶板的距离为 25 mm ~ 100 mm。

36. 答案：D

【解析】图书馆、档案馆、商场、仓库中的通道上方宜设有喷头。喷头与被保护对象的水平距离不应小于 0.30 m。

37. 答案：B

【解析】图书馆、档案馆、商场、仓库中的通道上方宜设有喷头。当采用标准覆盖面积洒水喷头、扩大覆盖面积洒水喷头时，喷头溅水盘与保护对象的最小垂直距离不应小于 450 mm。

38. 答案：D

【解析】规范规定：当采用特殊应用喷头、早期抑制快速响应喷头时，喷头溅水盘与保护对象的最小垂直距离不应小于 900 mm。

39. 答案：B

【解析】货架内的洒水喷头应交错布置。

40. 答案：C

【解析】净空高度大于 800 mm 的闷顶和技术夹层内应设置洒水喷头，

当同时满足下列情况时，可不设置洒水喷头：闷顶内敷设的配电线路采用不燃材料套管或封闭式金属线槽保护；风管保温材料等采用不燃、难燃材料制作；无其他可燃物。

41. 答案：D

【解析】净空高度大于 800 mm 的闷顶和技术夹层内应设置洒水喷头，当同时满足下列情况时，可不设置洒水喷头：闷顶内敷设的配电线路采用不燃材料套管或封闭式金属线槽保护；风管保温材料等采用不燃、难燃材料制作；无其他可燃物。

42. 答案：A

【解析】防火分隔水幕的喷头布置，应保证水幕的宽度不小于 6 m。

43. 答案：B

【解析】防火分隔水幕系统采用水幕喷头时，喷头不应少于 3 排；采用开式洒水喷头时，喷头不应少于 2 排。

44. 答案：C

【解析】防护冷却水幕的喷头宜布置成单排。

45. 答案：C

【解析】当水流指示器入口前设置控制阀时，应采用信号阀。信号阀距离水流指示器不小于 300 mm。

46. 答案：D

【解析】报警阀组宜设在安全及易于操作的地点，报警阀距地面的高度宜为 1.2 m。设置报警阀组的部位应设有排水设施。

47. 答案：A

【解析】水力警铃的工作压力不应小于 0.05 MPa，并应符合下列规定：应设在有人值班的地点附近或公共通道的外墙上；与报警阀连接的管道，其管径应为 20 mm，总长不宜大于 20 m。

48. 答案：B

【解析】水力警铃的工作压力不应小于 0.05 MPa，并应符合下列规定：应设在有人值班的地点附近或公共通道的外墙上；与报警阀连接的管道，其管径应为 20 mm，总长不宜大于 20 m。

49. 答案：D

【解析】每个报警阀组供水的最高与最低位置洒水喷头，其高程差不宜大于 50 m。

50. 答案：A

【解析】自动喷水灭火系统应设报警阀组。保护室内钢屋架等建筑构件的闭式系统，应设独立的报警阀组。水幕系统应设独立的报警阀组或感温雨淋报警阀。

51. 答案：B

【解析】串联接入湿式系统配水干管的其他自动喷水灭火系统，应分别设置独立的报警阀组，其控制的洒水喷头数计入湿式报警阀组控制的洒水喷头总数。

52. 答案：C

【解析】一个报警阀组控制的洒水喷头数应符合下列规定：湿式系统、预作用系统不宜超过 800 只；干式系统不宜超过 500 只；当配水支管同时设置保护吊顶下方和上方空间的洒水喷头时，应只将数量较多一侧的洒水喷头计入报警阀组控制的洒水喷头总数。

53. 答案：A

【解析】一个报警阀组控制的洒水喷头数应符合下列规定：湿式系统、预作用系统不宜超过 800 只；干式系统不宜超过 500 只；当配水支管同时设置保护吊顶下方和上方空间的洒水喷头时，应只将数量较多一侧的洒水喷头计入报警阀组控制的洒水喷头总数。

54. 答案：C

【解析】一个报警阀组控制的洒水喷头数应符合下列规定：湿式系统、预作用系统不宜超过 800 只；干式系统不宜超过 500 只；当配水支管同时设置保护吊顶下方和上方空间的洒水喷头时，应只将数量较多一侧的洒水喷头计入报警阀组控制的洒水喷头总数。

55. 答案：B

【解析】每层设置 40 个喷头，则该建筑共有 40×16=640 个喷头。一个报警阀组控制的洒水喷头，湿式系统和预作用系统不宜超过 800 只；每个报警阀组供水的最高与最低位置喷头，高程差不宜大于 50 m。该建筑高 64 m，故至少应设置两个报警阀组。

56. 答案：A

【解析】一个报警阀组控制的洒水喷头数湿式系统、预作用系统不宜超过 800 只，干式系统不宜超过 500 只，当配水支管同时设置保护吊顶下方和上方空间的洒水喷头时，应只将数量较多一侧的洒水喷头计入报警阀组控制的洒水喷头总数，1500÷800≈2。

57. 答案：C

【解析】雨淋报警阀组的电磁阀，其入口应设过滤器。并联设置雨淋报警阀组的雨淋系统，其雨淋报警阀控制腔的入口应设止回阀。

58. 答案：A

【解析】雨淋报警阀组的电磁阀，其入口应设过滤器。并联设置雨淋报警阀组的雨淋系统，其雨淋报警阀控制腔的入口应设止回阀。

59. 答案：A

【解析】除报警阀组控制的洒水喷头只保护不超过防火分区面积的同层场所外，每个防火分区、每个楼层均应设水流指示器。

60. 答案：D

【解析】1 层为一个防火分区，2 层为两个防火分区。除报警阀组控制的洒水喷头只保护不超过防火分区面积的同层场所外，每个防火分区、每个楼层均应设水流指示器。故该建筑至少应设置 3 个水流指示器。

61. 答案：B

【解析】末端试水装置应由试水阀、压力表以及试水接头组成。试水接头出水口的流量系数，应等同于同楼层或防火分区内的最小流量系数洒水喷头。末端试水装置的出水，应采取孔口出流的方式排入排水管道，排水立管宜设伸顶通气管，且管径不应小于 75 mm。

62. 答案：D

【解析】每个报警阀组控制的最不利点洒水喷头处应设末端试水装置，其他防火分区、楼层均应设直径为 25 mm 的试水阀。

63. 答案：C

【解析】末端试水装置和试水阀应有标识，距地面的高度宜为 1.5 m，并应采取不被他用的措施。

64. 答案：D

【解析】末端试水装置应由试水阀、压力表以及试水接头组成。试水接头出水口的流量系数，应等同于同楼层或防火分区内的最小流量系数洒水喷头。末端试水装置的出水，应采取孔口出流的方式排入排水管道，排水立管宜设伸顶通气管，且管径不应小于 75 mm。

65. 答案：C

【解析】配水管道可采用内外壁热镀锌钢管、涂覆钢管、铜管、不锈钢管和氯化聚氯乙烯（PVC-C）管。当报警阀入口前管道采用不防腐的钢管时，应在报警阀前设置过滤器。

66. 答案：C

【解析】自动喷水灭火系统采用氯化聚氯乙烯（PVC-C）管材及管件时，设置场所的火灾危险等级应为轻危险级或中危险级Ⅰ级，系统应为湿式系统，并采用快速响应洒水喷头，且氯化聚氯乙烯（PVC-C）管材及管件应符合下列要求：应符合现行国家标准规范的规定；应用于公称直径不超过 DN80 的配水管及配水支管,且不应穿越防火分区;当设置在有吊顶场所时，吊顶内应无其他可燃物，吊顶材料应为不燃或难燃装修材料；当设置在无吊顶场所时，该场所应为轻危险级场所，顶板应为水平、光滑顶板，且喷头溅水盘与顶板的距离不应大于 100 mm。

67. 答案：B

【解析】自动喷水灭火系统采用氯化聚氯乙烯（PVC-C）管材及管件时，设置场所的火灾危险等级应为轻危险级或中危险级Ⅰ级，系统应为湿式系统，并采用快速响应洒水喷头，且氯化聚氯乙烯（PVC-C）管材及管件应符合下列要求：应用于公称直径不超过 DN80 的配水管及配水支管，且不应穿越防火分区。

68. 答案：D

【解析】自动喷水灭火系统采用氯化聚氯乙烯（PVC-C）管材及管件时，设置场所的火灾危险等级应为轻危险级或中危险级Ⅰ级，系统应为湿式系统，并采用快速响应洒水喷头，且氯化聚氯乙烯（PVC-C）管材及管件应符合下列要求：当设置在无吊顶场所时，该场所应为轻危险级场所，顶板应为水平、光滑顶板，且喷头溅水盘与顶板的距离不应大于 100 mm。

69. 答案：C

【解析】设置场所的火灾危险等级应划分为轻危险级、中危险级（Ⅰ级、Ⅱ级）、严重危险级（Ⅰ级、Ⅱ级）和仓库危险级（Ⅰ级、Ⅱ级、Ⅲ级）。

70. 答案：D

【解析】洒水喷头与配水管道采用消防洒水软管连接时，应符合下列规定：消防洒水软管仅适用于轻危险级或中危险级Ⅰ级场所，且系统应为湿式系统；消防洒水软管应设置在吊顶内；消防洒水软管的长度不应超过 1.8 m。

71. 答案：A

【解析】配水管道的连接方式应符合下列要求：镀锌钢管、涂覆钢管可采用沟槽式连接件（卡箍）、螺纹或法兰连接，当报警阀前采用内壁不防腐钢管时，可焊接连接铜管可采用钎焊、沟槽式连接件（卡箍）、法兰和卡压等连接方式；不锈钢管可采用沟槽式连接件（卡箍）、法兰、卡压等连接方式，不宜采用焊接；氯化聚氯乙烯（PVC-C）管材、管件可采用粘接连接，氯化聚氯乙烯（PVC-C）管材、管件与其他材质管材、管件之间可采用螺纹、法兰或沟槽式连接件（卡箍）连接；铜管、不锈钢管、氯化聚氯乙烯（PVC-C）管应采用配套的支架、吊架。

72. 答案：A

【解析】配水管道的连接方式应符合下列要求：镀锌钢管、涂覆钢管可采用沟槽式连接件（卡箍）、螺纹或法兰连接；当报警阀前采用内壁不防腐钢管时，可焊接连接。

73. 答案：C

【解析】配水管道的连接方式应符合下列要求：镀锌钢管、涂覆钢管可采用沟槽式连接件（卡箍）、螺纹或法兰连接，当报警阀前采用内壁不防腐钢管时，可焊接连接；铜管可采用钎焊、沟槽式连接件（卡箍）、法兰和卡压等连接方式；不锈钢管可采用沟槽式连接件（卡箍）、法兰、卡压等连接方式，不宜采用焊接。

74. 答案：C

【解析】系统中直径等于或大于 100 mm 的管道，应分段采用法兰或沟槽式连接件（卡箍）连接。水平管道上法兰间的管道长度不宜大于 20 m；立管上法兰间的距离，不应跨越 3 个及以上楼层。净空高度大于 8 m 的场所内，立管上应有法兰。

75. 答案：A

【解析】系统中直径等于或大于 100 mm 的管道，应分段采用法兰或沟槽式连接件（卡箍）连接。水平管道上法兰间的管道长度不宜大于 20 m；立管上法兰间的距离，不应跨越 3 个及以上楼层。净空高度大于 8 m 的场所内，立管上应有法兰。

76. 答案：B

【解析】系统中直径等于或大于 100 mm 的管道，应分段采用法兰或沟槽式连接件（卡箍）连接。水平管道上法兰间的管道长度不宜大于 20 m；立管上法兰间的距离，不应跨越 3 个及以上楼层。净空高度大于 8 m 的场所内，立管上应有法兰。

77. 答案：D

【解析】系统中直径等于或大于 100 mm 的管道，应分段采用法兰或沟槽式连接件（卡箍）连接。水平管道上法兰间的管道长度不宜大于 20 m；立管上法兰间的距离，不应跨越 3 个及以上楼层。净空高度大于 8 m 的场所内，立管上应有法兰。

78. 答案：A

【解析】配水管两侧每根配水支管控制的标准流量洒水喷头数量，轻危险级、中危险级场所不应超过 8 只，同时在吊顶上下设置喷头的配水支管，上下侧均不应超过 8 只。严重危险级及仓库危险级场所均不应超过 6 只。

79. 答案：C

【解析】配水管两侧每根配水支管控制的标准流量洒水喷头数量，轻危险级、中危险级场所不应超过 8 只，同时在吊顶上下设置喷头的配水支管，上下侧均不应超过 8 只。严重危险级及仓库危险级场所均不应超过 6 只。

80. 答案：C

【解析】轻危险级场所中配水支管、配水管公称管径为 80 mm，配水支管、配水管控制的标准流量洒水喷头数量不宜超过 48 只。

81. 答案：B

【解析】中危险级场所中配水支管、配水管公称管径为 80 mm，配水支管、配水管控制的标准流量洒水喷头数量不宜超过 32 只。

82. 答案：D

【解析】中危险级场所中配水支管、配水管公称管径为 100 mm，配水支管、配水管控制的标准流量洒水喷头数量不宜超过 64 只。

83. 答案：D

【解析】根据规范规定：最大净空高度为 13.5 m，最大储物高度为 12 m 的 I、II 级、沥青制品、箱装不发泡塑料仓库及类似场所采用早期抑制快速响应喷头时，作用面积内开放的喷头数不应低于 12 个。

84. 答案：C

【解析】根据规范规定：最大净空高度为 12 m，最大储物高度为 10.5 m 的袋装不发泡塑料、箱装发泡塑料仓库及类似场所采用早期抑制快速响应喷头时，作用面积内开放的喷头数不应低于 12 个。

85. 答案：D

【解析】根据规范规定：袋装发泡塑料仓库及类似场所采用早期抑制快速响应喷头时，最大净空高度为 12.0 m，最大储物高度为 10.5 m，作用面积内开放的喷头数不应低于 20 个。

86. 答案：A

【解析】根据规范规定：仓库危险级 I 级场所，货架层数为单层且内置洒水喷头时，货架内开放洒水喷头数量不应小于 6 个。

87. 答案：B

【解析】根据规范规定：仓库危险级 II 级场所，货架层数为单层且内置洒水喷头时，货架内开放洒水喷头数量不应小于 8 个。

88. 答案：D

【解析】根据规范规定：仓库危险级 II、III 级场所，2 层及以上货架内设置洒水喷头，货架内开放洒水喷头数量不应小于 14 个。

89. 答案：B

【解析】货架内置洒水喷头超过 2 层时，计算流量应按最顶层 2 层，且每层开放洒水喷头数按本表规定值的 1/2 确定。

90. 答案：B

【解析】干式系统、预作用系统的供气管道，采用钢管时，管径不宜小于 15 mm；采用铜管时，管径不宜小于 10 mm。

91. 答案：C

【解析】短立管及末端试水装置的连接管，其管径不应小于 25 mm。

92. 答案：B

【解析】配水管道的工作压力不应大于 1.20 MPa，并不应设置其他用水设施。

93. 答案：B

【解析】管道的直径应经水力计算确定。配水管道的布置，应使配水管入口的压力均衡。轻危险级、中危险级场所中各配水管入口的压力均不宜大于 0.40 MPa。

项目五

1. 答案：D

【解析】预作用装置的自动控制方式要求：

严禁误喷的场所：宜采用仅有自报系统直接控制（单联锁）；严禁管道充水和替代干式场所：宜由自报系统和充气管道上设置的压力开关控制（双联锁）。

2. 答案：B

【解析】预作用系统、雨淋系统和自动控制的水幕系统，应同时具备下列 3 种开启报警阀组的控制方式：自动控制；消防控制室（盘）远程控制；预作用装置或雨淋报警阀处现场手动应急操作。

3. 答案：A

【解析】干式系统、由火灾自动报警系统和充气管道上设置的压力开关开启预作用装置的预作用系统，其配水管道充水时间不宜大于 1 min；雨淋系统和仅由火灾自动报警系统联动开启预作用装置的预作用系统，其配水管道充水时间不宜大于 2 min。

4. 答案：B

【解析】干式系统、由火灾自动报警系统和充气管道上设置的压力开关开启预作用装置的预作用系统，其配水管道充水时间不宜大于 1 min；雨淋系统和仅由火灾自动报警系统联动开启预作用装置的预作用系统，其配水管道充水时间不宜大于 2 min。

模块五

项目一

1. 答案：C

【解析】水喷雾的灭火机理主要是表面冷却、窒息、乳化和稀释作用。这四种作用在水雾喷射到燃烧物质表面时通常是以几种作用同时发生，并实现灭火的。

2. 答案：B

【解析】对于水溶性液体火灾，可利用水来稀释液体，使液体的燃烧速度降低而较易扑灭。灭火的效果取决于水雾的冷却、窒息和稀释的综合效应。

3. 答案：D

【解析】灭火机理：表面冷却；窒息；乳化；稀释 。

4. 答案：C

【解析】电动启动水喷雾灭火系统是以普通的火灾报警系统作为火灾探测系统，通过传统的点式感温、感烟探头或缆式火灾探测器探测火灾，当有火情发生时，探测器将火警信号传到火灾报警控制器上，火灾报警控制器打开雨淋阀，同时启动水泵，喷水灭火。传动管水喷雾灭火系统是以传动管作为火灾探测系统，传动管内充满压缩空气或压力水，当传动管上的闭式喷头受火灾高温影响动作后，传动管内的压力迅速下降，打开封闭的雨淋阀。

5. 答案：C

【解析】电动启动水喷雾灭火系统是以普通的火灾报警系统为火灾探测系统，通过传统的点式感温、感烟探头或缆式火灾探测器探测火灾。

6. 答案：B

【解析】传动管启动水喷雾灭火系统按传动管内的充压介质不同，可分为充液传动管和充气传动管两种。充液传动管内的介质一般为压力水，这种方式适用于不结冰的场所，充液传动管的末端或最高点应安装自动排气阀。充气传动管内的介质一般是压缩空气，平时由空压机或其他气源平时保持传动管内的气压。

7. 答案：A

【解析】水喷雾灭火系统按启动方式可分为电动启动水喷雾灭火系统和传动管启动水喷雾灭火系统。传动管启动水喷雾灭火系统按传动管内的充压介质不同，可分为充液传动管和充气传动管。

8. 答案：C

【解析】水喷雾灭火系统按启动方式可分为电动启动水喷雾灭火系统和传动管启动水喷雾灭火系统。

9. 答案：D

【解析】水喷雾灭火系统可用于扑救固体物质火灾、丙类液体火灾、饮料酒火灾和电气火灾，并可用于可燃气体和甲、乙、丙类液体的生产、储存装置或装卸设施的防护冷却。

10. 答案：B

【解析】水雾喷头的工作压力，当用于灭火时不应小于 0.35 MPa；当用于防护冷却时不应小于 0.2 MPa，但对于甲 B、乙、丙类液体储罐不应小于 0.15 MPa。

11. 答案：C

【解析】水雾喷头的工作压力，当用于灭火时不应小于 0.35 MPa；当用于防护冷却时不应小于 0.2 MPa，但对于甲 B、乙、丙类液体储罐不应小于 0.15 MPa。

12. 答案：B

【解析】水喷雾灭火系统的保护面积是指保护对象的全部暴露外表面面积。水喷雾灭火系统主要用于保护室外的大型专用设施或设备，同时也用于保护建筑物内的设施或设备，其保护面积可按以下原则确定：输送机皮带的保护面积应按上行皮带的上表面面积确定，故 B 正确。

13. 答案：C

【解析】变压器的保护面积除应按扣除底面面积以外的变压器油箱外表面面积确定外，尚应包括散热器的外表面面积和油枕及集油坑的投影面积。故该变压器的保护面积为 $5\times3+2\times4\times5+2\times4\times3+21+22=122$（$m^2$），故 C 选项正确。

14. 答案：B

【解析】用于灭火目的时，系统的响应时间不应大于 45 s；用于储存装置或装卸设施的防护、冷却目的时，系统的响应时间不应大于 60 s；用于其他设施的防护、冷却目的时，系统的响应时间不应大于 100 s。

15. 答案：A

【解析】水喷雾灭火系统由水雾喷头、雨淋阀、过滤器、供水管道等主要部件组成。

16. 答案：D

【解析】本题考查的是喷头的选择。离心雾化型水雾喷头，由喷头体、涡流器组成，在较高的水压下通过喷头内部的离心旋转形成水雾喷射出来，它形成的水雾同时具有良好的电绝缘性，适合扑救电气火灾。

17. 答案：C

【解析】一般水雾的粒径应在 0.3 mm ~ 1 mm 范围内。

18. 答案：C

【解析】用于灭火、控火目的时，水雾喷头的工作压力不应小于 0.35 MPa；用于防护、冷却目的时，水雾喷头的工作压力不应小于 0.2 MPa。

19. 答案：B

【解析】当保护对象为可燃气体和甲、乙、丙类液体储罐时，水雾喷头宜布置在保护对象周围，其与保护储罐外壁之间的距离不应大于 0.7 m。故 B 正确。

20. 答案：B

【解析】当保护对象为球罐时，水雾喷头的布置尚应符合下列规定：（1）水雾喷头的喷口应朝向球心；（2）水雾锥沿纬线方向应相交，沿经线方向应相接；（3）当球罐的容积不小于 1 000 m^3 时，水雾锥沿纬线方向应相交，沿经线方向宜相接，但赤道以上环管之间的距离不应大于 3.6 m；（4）无防护层的球罐钢支柱和罐体液位计、阀门等处应设水雾喷头保护。

21. 答案：D

【解析】系统用于冷却甲、乙、丙类液体储罐时，其冷却范围及保护面积应符合下列规定：（1）着火的地上固定顶储罐及距着火储罐罐壁 1.5 倍着火罐直径范围内的相邻地上储罐应同时冷却，当相邻地上储罐超过 3 座时，可按 3 座较大的相邻储罐计算消防冷却水用量；（2）着火的浮顶罐应冷却，其相邻储罐可不冷却；（3）着火罐的保护面积应按罐壁外表面面积计算，相邻罐的保护面积可按实际需要冷却部位的外表面面积计算，但不得小于罐壁外表面面积的 1/2。

22. 答案：C

【解析】离心雾化型水雾喷头由喷头体、涡流器组成，水在较高的水压下通过喷头内部的离心旋转形成水雾喷射出来，它形成的水雾同时具有良好的电绝缘性，扑救电气火灾应选用离心雾化型水雾喷头。保护其他对象的水雾喷头的布置要求当保护对象为室内燃油锅炉、电液装置、氢密封油装置、发电机、充油开关时，水雾喷头宜在保护对象的顶部周围平面布置，使水雾直接喷向并完全覆盖保护对象。

23. 答案：D

【解析】离心雾化型水雾喷头形成的水雾具有良好的电绝缘性，适合扑救电气火灾，选项 A 正确。保护对象为油浸式变压器时，水雾喷头之间的水平距离与垂直距离应满足水锥相交的要求，选项 D 错误。当保护对象为可燃气体和甲、乙、丙类液体储罐时，水雾喷头宜布置在保护对象周围，其与保护储罐外壁之间的距离不应大于 0.7 m，选项 C 正确。室内粉尘场所设置的水雾喷头应带防尘帽，室外设置的水雾喷头宜带防尘帽，选项 B 正确。

24. 答案：A

【解析】雨淋阀组宜设在环境温度不低于 4℃，并有排水设施的室内，其位置宜靠近保护对象并便于操作。

项目二

1. 答案：D

【解析】细水雾的灭火机理有吸热冷却、隔氧窒息、辐射热阻隔、浸湿作用和乳化作用等。

2. 答案：B

【解析】泵组式系统适用于高、中和低压系统；瓶组式系统适用于中、高压系统。

3. 答案：B

【解析】按供水方式分类，细水雾灭火系统可分为泵组式系统、瓶组式系统、瓶组与泵组相结合式系统。按工作压力分类，细水雾灭火系统可分为低压系统、中压系统和高压系统。

4. 答案：D

【解析】细水雾灭火系统不能直接用于能与水发生剧烈反应或产生大量有害物质的活泼金属及其化合物。电石即碳化钙，遇水立即发生激烈反应，生成乙炔，并放出热量。所以细水雾灭火系统不适用扑救电石仓库。

5. 答案：D

【解析】对于开式细水雾灭火系统，采用自动控制方式时，火灾发生后，报警控制器收到两个独立的火灾报警信号后，自动启动系统控制阀组和消防水泵并向系统管网供水，水雾喷头喷出细水雾，实施灭火，选项 A、B 正确。除喷头不同外，闭式细水雾灭火系统的工作原理与闭式自动喷水灭火系统相同，闭式自动喷水灭火系统在喷头动作后，由压力开关直接连锁自动启动，选项 C 正确、选项 D 错误。

6. 答案：D

【解析】离心雾化型水雾喷头由喷头体、涡流器组成，水在较高的水压下通过喷头内部的离心旋转形成水雾喷射出来，它形成的水雾同时具有良好的电绝缘性，扑救电气火灾应选用离心雾化型水雾喷头。因火力发电厂的油浸变压器室毗邻储煤场，故需要设置防尘帽+离心雾化型水雾喷头。

7. 答案：C

【解析】根据《水喷雾灭火系统技术规范》规定，水雾喷头的选型应符合下列要求：（1）扑救电气火灾，应选用离心雾化型水雾喷头；（2）室内粉尘场所设置的水雾喷头应带防尘帽，室外设置的水雾喷头宜带防尘帽；（3）离心雾化型水雾喷头应带柱状过滤网。

8. 答案：D

【解析】全淹没应用方式的开式细水雾灭火系统，其单个防护区的容积：泵组系统不大于 3 000 m^3，瓶组系统不宜超过 260 m^3。

9. 答案：D

【解析】细水雾灭火系统全淹没系统最不利点工作压力为 1.2 MPa。

10. 答案：B

【解析】用于电子信息机房的细水雾灭火系统设计持续喷雾时间应为 30 min。

11. 答案：D

【解析】细水雾灭火系统的基本设计参数应根据细水雾灭火系统的特性和防护区的具体情况确定。喷头的最低设计工作压力不应小于 1.20 MPa。

12. 答案：B

【解析】在工程应用中采用实体模拟试验结果时，应符合下列规定：（1）系统设计喷雾强度不应小于试验所用喷雾强度；（2）喷头最低工作压力不应小于试验测得最不利点喷头的工作压力；（3）喷头布置间距和安装高度分别不应大于试验时的喷头间距和安装高度；（4）喷头的安装角度应与试验安装角度一致。

13. 答案：D

【解析】用于灭火目的时，水雾喷头的工作压力不应小于 0.35 MPa；用于防护冷却目的时，水雾喷头的工作压力不应小于 0.2 MPa；但对于甲、乙、丙类液体储罐不应小于 0.15 MPa。柴油发电机房设置水喷雾灭火系统的目的是灭火。

14. 答案：A

【解析】对于闭式系统，应选择响应时间指数（RTI）不大于 50（$m \cdot s)^{0.5}$ 的喷头，其公称动作温度宜高于环境最高温度 30℃，且同一防护区内应采用相同热敏性能的喷头。

15. 答案：D

【解析】系统应按喷头的型号规格存储备用喷头，其数量不应小于相同型号规格，喷头实际设计使用总数的 1%且分别不应少于 5 只。

模块六

项目一

1. 答案：C

【解析】自动跟踪定位射流灭火系统是指以水为射流介质，利用探测装置对初期火灾进行自动探测、跟踪、定位，并运用自动控制方式来实现射流灭火的固定灭火系统。

2. 答案：A

【解析】自动跟踪定位射流灭火系统是指利用红外线、数字图像或其他火灾探测组件对火、温度等的探测进行早期火灾的自动跟踪定位，并运用自动控制方式来实现灭火的各种室内外固定射流灭火系统。

3. 答案：B

【解析】灭火装置分为自动跟踪定位消防炮灭火装置（以下简称消防炮灭火装置）和自动跟踪定位射流灭火装置（以下简称自动射流灭火装置）。

4. 答案：B

【解析】自动跟踪定位射流灭火装置的特点是保护面积大，响应速度快，探测灵敏度高，自动定位，远程定点灭火，减少了扑救过程中造成的损失，系统可同时具有防火、灭火、监控功能，提高了系统的可靠性。

5. 答案：D

【解析】自动跟踪定位射流灭火装置具有激光定位检测功能，可以准确指示火源的方向是否正确。

6. 答案：D

【解析】喷射型自动射流灭火系统灭火装置的流量不大于 16 L/s，且不小于 5 L/s。

7. 答案：D

【解析】自动跟踪定位射流灭火系统不应用于下列场所：（1）经常有明火作业；（2）不适宜用水保护；（3）存在明显遮挡；（4）火灾水平蔓延速度快；（5）高架仓库的货架区域；（6）火灾危险等级为《自动喷水灭火系统设计规范》（GB 50084）规定的严重危险级。

项目二

1. 答案：A

【解析】自动跟踪定位射流灭火系统的供水管路设计应符合：自动控制阀前应采用湿式系统管路。

2. 答案：B

【解析】自动消防炮灭火系统和喷射型自动射流灭火系统应保证至少 2 台灭火装置的射流能到达被保护区域的任一部位。

3. 答案：D

【解析】自动消防炮灭火系统用于扑救民用建筑内火灾时，单台炮的流量不应小于 20 L/s；用于扑救工业建筑内火灾时，单台炮的流量不应小于 30 L/s。

4. 答案：B

【解析】喷射型自动射流灭火系统用于扑救轻危险级场所火灾时，单台灭火装置的流量不应小于 5 L/s；用于扑救中危险级场所火灾时，单台灭火装置的流量不应小于 10 L/s。

5. 答案：C

【解析】自动跟踪定位射流灭火系统的设计流量应为设计同时开启的灭火装置流量之和，且不应小于 10 L/s。

6. 答案：A

【解析】自动跟踪定位射流灭火系统的设计持续喷水时间应不小于 1 h。

项目三

1. 答案：D

【解析】自动跟踪定位射流灭火系统的探测装置应采用复合式探测方式，并应能有效探测和判定保护区域内的火源。

2. 答案：B

【解析】自动跟踪定位射流灭火系统的水流指示器的公称压力不应小于系统工作压力的 1.2 倍。

3. 答案：D

【解析】自动跟踪定位射流灭火系统的管路应布置成环状，检修阀的设置应确保在管路检修时，受影响的供水支管不大于 5 根。

项目四

1. 答案：D

【解析】自动消防炮灭火系统应设置独立的消防水泵和供水管网。

2. 答案：B

【解析】当喷射型和喷洒型合用消防水泵与管网时，两个系统不同时工作时，系统设计水量、水压及一次灭火用水量应满足较大一个系统使用的要求。

3. 答案：B

【解析】自动跟踪定位射流灭火系统的消防水泵的最大出口压力大于 1.0 MPa 时，消防水泵出水管上应采取防止系统超压的措施。

综合测试二

一、单选题

1. 答案：A

【解析】自动喷水灭火系统根据所使用喷头的形式，可分为闭式自动喷水灭火系统和开式自动喷水灭火系统。

2. 答案：B

【解析】用于灭火目的时，系统的响应时间不应大于 45 s；用于储存装置或装卸设施的防护、冷却目的时，系统的响应时间不应大于 60 s；用于其他设施的防护、冷却目的时，系统的响应时间不应大于 100 s。

3. 答案：C

【解析】湿式系统中用于火灾探测的部件是闭式喷头。

4. 答案：A

【解析】水喷雾灭火系统由水雾喷头、雨淋阀、过滤器、供水管道等主要部件组成。

5. 答案：D

【解析】干式系统适合在温度低于 4℃或高于 70℃的环境中使用。

6. 答案：D

【解析】细水雾的灭火机理有吸热冷却、隔氧窒息、辐射热阻隔、浸湿作用和乳化作用等。

7. 答案：B

【解析】预作用系统特别适合于：（1）准工作状态时严禁误喷的场所；（2）准工作状态时严禁管道充水的场所；（3）用于替代干式系统的场所。

8. 答案：C

【解析】变压器的保护面积除应按扣除底面面积以外的变压器油箱外表面面积确定外，尚应包括散热器的外表面面积和油枕及集油坑的投影面积。故该变压器的保护面积为 $5\times3+2\times4\times5+2\times4\times3+21+22=122$（$m^2$），故 C 选项正确 。

9. 答案：B

【解析】防火分隔水幕和防护冷却水幕的喷头工作压力为 0.10 MPa。

10. 答案：C

【解析】一般水雾的粒径应在 0.3 mm ~ 1 mm 范围内。

11. 答案：D

【解析】自动喷水灭火系统选型应根据设置场所的建筑特征、环境条件和火灾特点等选择相应的开式或闭式系统。露天场所不宜采用闭式系统。

12. 答案：C

【解析】离心雾化型水雾喷头由喷头体、涡流器组成，水在较高的水压下通过喷头内部的离心旋转形成水雾喷射出来，它形成的水雾同时具有良好的电绝缘性，扑救电气火灾应选用离心雾化型水雾喷头。保护其他对象的水雾喷头的布置要求当保护对象为室内燃油锅炉、电液装置、氢密封油装置、发电机、充油开关时，水雾喷头宜在保护对象的顶部周围平面布置，使水雾直接喷向并完全覆盖保护对象。

13. 答案：A

【解析】雨淋阀组宜设在环境温度不低于 4℃，并有排水设施的室内，其位置宜靠近保护对象并便于操作。

14. 答案：B

【解析】泵组式系统适用于高、中和低压系统；瓶组式系统适用于中、高压系统。

15. 答案：B

【解析】特殊响应洒水喷头的响应时间指数为 $50\ (m\cdot s)^{0.5} < RTI \leq 80\ (m\cdot s)^{0.5}$。

16. 答案：D

【解析】细水雾灭火系统不能直接用于能与水发生剧烈反应或产生大量有害物质的活泼金属及其化合物。电石即碳化钙，遇水立即发生激烈反应，生成乙炔，并放出热量。所以细水雾灭火系统不适用扑救电石仓库。

17. 答案：B

【解析】高位消防水箱的设置位置应高于其所服务的水灭火设施，且最低有效水位应满足水灭火设施最不利点处的静水压力，并应按下列规定确定：自动喷水灭火系统等自动水灭火系统应根据喷头灭火需求压力确定，但最小不应小于 0.10 MPa。

18. 答案：C

【解析】根据《水喷雾灭火系统技术规范》规定，水雾喷头的选型应符合下列要求：（1）扑救电气火灾，应选用离心雾化型水雾喷头；（2）室内粉尘场所设置的水雾喷头应带防尘帽，室外设置的水雾喷头宜带防尘帽；（3）离心雾化型水雾喷头应带柱状过滤网。

19. 答案：B

【解析】在工程应用中采用实体模拟试验结果时，应符合下列规定：（1）系统设计喷雾强度不应小于试验所用喷雾强度；（2）喷头最低工作压力不应小于试验测得最不利点喷头的工作压力；（3）喷头布置间距和安装高度分别不应大于试验时的喷头间距和安装高度；（4）喷头的安装角度应与试验安装角度一致。

20. 答案：A

【解析】湿式自动喷水灭火系统由闭式喷头、湿式报警阀组、水流指示器或压力开关、供水与配水管道以及供水设施等组成。

21. 答案：D

【解析】民用建筑和厂房采用湿式系统时，系统最不利点处洒水喷头的工作压力不应低于 0.05 MPa。

22. 答案：A

【解析】末端试水装置的出水，应采取孔口出流的方式排入排水管道，排水立管宜设伸顶通气管，且管径不应小于 75 mm。

23. 答案：C

【解析】雨淋系统有电动、液动和气动控制方式。

24. 答案：B

【解析】轻危险级场所设有自动喷水灭火系统保护，系统安装了边墙型标准覆盖面积洒水喷头，该系统配水支管上喷头的最大间距为 3.6 m，两排相对喷头的最大保护跨度为 7.2 m。

25. 答案：A

【解析】总建筑面积小于 5 000 m^2 的商场设置自动喷水灭火系统火灾危险等级为中危 I 级。

26. 答案：A

【解析】建筑高度为 50 m 的办公楼的火灾危险等级为中危险级 I 级；建筑高度为 23 m 的四星级旅馆的火灾危险等级为轻危险级；舞台（葡萄架除外）的火灾危险等级为中危险级 II 级；总建筑面积 5 000 m^2 及以上的商

场的火灾危险等级为中危险级 II 级。

27. 答案：A

【解析】干式自动喷水灭火系统的作用面积应按规范规定值的 1.3 倍确定，中危险级 I 级的作用面积为 160 m^2，因此 $1.3\times160=208$（m^2）。

28. 答案：B

【解析】建筑物中保护局部场所的干式系统、预作用系统、雨淋系统、自动喷水-泡沫联用系统，可串联接入同一建筑物内的湿式系统，并应与其配水干管连接。

29. 答案：B

【解析】符合下列条件之一的场所，宜采用设置早期抑制快速响应喷头的自动喷水灭火系统。当采用早期抑制快速响应喷头时，系统应为湿式系统，且系统设计基本参数应符合本规范的规定。最大净空高度不超过 12.0 m 且最大储物高度不超过 10.5 m，储物类别为袋装不发泡塑料、箱装发泡塑料和袋装发泡塑料的仓库及类似场所。

30. 答案：B

【解析】仅在走道设置洒水喷头的闭式系统，其作用面积应按最大疏散距离所对应的走道面积确定。

31. 答案：D

【解析】（1）控制管道静压：分区供水或设减压阀；（2）控制管道动压：减压孔板或节流管。

32. 答案：D

【解析】闭式系统的洒水喷头，其公称动作温度宜高于环境最高温度 30℃。

33. 答案：B

【解析】湿式系统的洒水喷头选型应符合下列规定：不做吊顶的场所，当配水支管布置在梁下时，应采用直立型洒水喷头。

34. 答案：D

【解析】直立型、下垂型标准覆盖面积洒水喷头的布置间距不应大于规范的规定，且不应小于 1.8 m。

35. 答案：A

【解析】除吊顶型洒水喷头及吊顶下设置的洒水喷头外，直立型、下垂型标准覆盖面积洒水喷头和扩大覆盖面积洒水喷头溅水盘与顶板的距离应为 75 mm ~ 150 mm，并应符合下列规定：密肋梁板下方的洒水喷头，溅水盘与密肋梁板底面的垂直距离应为 25 mm ~ 100 mm。

36. 答案：A

【解析】水力警铃的工作压力不应小于 0.05 MPa，并应符合下列规定：应设在有人值班的地点附近或公共通道的外墙上；与报警阀连接的管道，其管径应为 20 mm，总长不宜大于 20 m。

37. 答案：A

【解析】除报警阀组控制的洒水喷头只保护不超过防火分区面积的同层场所外，每个防火分区、每个楼层均应设水流指示器。

38. 答案：D

【解析】预作用装置的自动控制方式要求：严禁误喷的场所：宜采用仅有自报系统直接控制（单联锁）；严禁管道充水和替代干式场所：宜由自报系统和充气管道上设置的压力开关控制（双联锁）。

39. 答案：B

【解析】预作用系统、雨淋系统和自动控制的水幕系统，应同时具备下列 3 种开启报警阀组的控制方式：自动控制；消防控制室（盘）远程控制；预作用装置或雨淋报警阀处现场手动应急操作。

二、多选题

1. 答案：AE

【解析】除吊顶型洒水喷头及吊顶下设置的洒水喷头外，直立型、下垂型标准覆盖面积洒水喷头和扩大覆盖面积洒水喷头溅水盘与顶板距离应为 75 mm ~ 150 mm，并应符合规定：当在梁或其他障碍物底面下方的平面上布置洒水喷头时，溅水盘与顶板的距离不应大于 300 mm，同时溅水盘与梁等障碍物底面的垂直距离应为 25 mm ~ 100 mm。装设网格、栅板类通透性吊顶的场所，当通透面积占吊顶总面积的比例大于 70%时，喷头应设置在吊顶上方。直立型、下垂型标准覆盖面积洒水喷头的布置。D 选项不能确定它的危险等级，所以不选。

2. 答案：ABDE

【解析】水喷雾的灭火机理主要是表面冷却、窒息、乳化和稀释作用。

3. 答案：ABE

【解析】水喷雾灭火系统灭火控火的适用范围：固体火灾、可燃液体火灾、电气火灾。

4. 答案：AE

【解析】不适宜用水扑救的物质是：（1）过氧化物如过氧化钾、过氧化钠；（2）遇水燃烧的物质如金属钾、金属钠、碳化钙等。电石与水会发生反应，煤油属于乙类，因此不可以用水喷雾。

5. 答案：BE

【解析】水雾喷头按结构可分为离心雾化型水雾喷头和撞击型水雾喷头两种。

6. 答案：DE

【解析】细水雾灭火系统不能直接用于能与水发生剧烈反应或产生大量有害物质的活泼金属及其化合物火灾；不能直接应用于可燃气体火灾；不适用于可燃固体深位火灾。

7. 答案：CD

【解析】细水雾灭火系统按动作方式分为开式系统和闭式系统。

8. 答案：BD

【解析】因为细水雾灭火系统的喷头按动作方式分为开式和闭式细水雾喷头。

9. 答案：AC

【解析】细水雾灭火系统的喷头按细水雾产生的原理分为撞击式和离心式细水雾喷头。

模块七

项目一

1. 答案：C

【解析】泡沫灭火系统灭火机理有：隔氧窒息作用、辐射热阻隔作用、吸热冷却作用。

2. 答案：A

【解析】固定顶储罐的保护面积应按其横截面积确定，A 选项错误；根据规范规定，非水溶性液体储罐液下或半液下喷射系统，其泡沫混合液供给强度不应小于 5.0 L/（min · m^2），连续供给时间不应小于 40 min，B 选项正确；根据规范规定，储罐上液上喷射系统每个泡沫产生器应用独立的混合液管道引至防火堤外，C 选项正确；根据规范规定，储罐上液上喷射系统除立管外，其他泡沫混合液管道不得设置在罐壁上，D 选项正确。

项目二

1. 答案：D

【解析】扑救水溶性液体火灾应采用液上喷射，不能采用液下喷射泡沫，且必须选用抗溶性泡沫液。对于非水溶性液体火灾，当采用液上喷射泡沫灭火时，可选用普通蛋白泡沫液、氟蛋白泡沫液或水成膜泡沫液。

2. 答案：A

【解析】低倍数泡沫是指发泡倍数低于 20 的灭火泡沫。

3. 答案：B

【解析】中倍数泡沫灭火系统是指发泡倍数为 20 ~ 200 的泡沫灭火系统，所以，正确答案为 B。

4. 答案：D

【解析】液上喷射泡沫灭火系统有固定式、半固定式、移动式三种应用形式。

项目三

1. 答案：A

【解析】局部应用系统可用于四周不完全封闭的 A 类火灾场所、固定位置面积不大于 100 m^2 的流淌 B 类火灾场所和限定位置的流散 B 类火灾场所，A 选项错误，C 选项正确；根据规范规定，移动式系统可用于发生火灾的部位难以确定或人员难以接近的较小火灾场所、流散的 B 类火灾场所和不大于 100 m^2 的流淌 B 类火灾场所，B 选项正确；根据规范规定，全淹没系统可用于小型封闭空间场所与设有阻止泡沫流失的固定围墙或其他围挡设施的小场所，D 选项正确。

2. 答案：A

【解析】丙类固定顶与内浮顶油罐，单罐油量小于 10 000 m^3 的甲、乙类固定顶与内浮顶油罐，当选用中倍数泡沫灭火系统时，宜为固定式。

3. 答案：A

【解析】油罐中倍数泡沫灭火系统应采用液上喷射形式，且保护面积应按油罐的横截面积确定，A 选项错误；根据规范规定，设置固定式中倍数泡沫灭火系统的油罐区，宜设置低倍数泡沫枪，B 选项正确；根据规范规定，系统泡沫混合液供给强度不应小于 4 L/（min · m^2），连续供给时间不应小于 30 min，C 选项正确；根据规范规定，系统扑救一次火灾的泡沫混合液设计用量，应按罐内用量、该罐辅助泡沫枪用量、管道剩余量三者之和最大的油罐确定，D 选项正确。

4. 答案：A

【解析】该灭火剂可用于扑灭木材、棉布等燃烧引起的火灾，不能扑救带电设备和醇、酮、酯等有机溶剂的火灾。

5. 答案：A

【解析】水溶性甲、乙、丙类液体和其他对普通泡沫有破坏作用的甲、乙、丙类液体，以及用一套系统同时保护水溶性和非水溶性甲、乙、丙类液体的，必须选用抗溶泡沫液，A 选项正确；根据规定，非水溶性甲、乙、丙类液体储罐低倍数泡沫液的选择，应符合下列规定：（1）当采用液上喷射系统时，应选用蛋白、氟蛋白、成膜氟蛋白或水成膜泡沫液。（2）当采用液下喷射系统时，应选用氟蛋白、成膜氟蛋白或水成膜泡沫液。（3）当选用水成膜泡沫液时，其抗烧水平不应低于现行国家标准《泡沫灭火剂》（GB15308）规定的 C 级。

项目四

1. 答案：A

【解析】储罐区泡沫灭火系统的选择应符合下列规定：非水溶性甲、乙、丙类液体固定顶储罐，可选用液上喷射、液下喷射或半液下喷射系统；水溶性甲、乙、丙类液体和其他对普通泡沫有破坏作用的甲、乙、丙类液体固定顶储罐，应选用液上喷射或半液下喷射系统；外浮顶和内浮顶储罐应选用液上喷射系统；非水溶性液体外浮顶储罐、内浮顶储罐、直径大于 18 m 的固定顶储罐以及水溶性液体的立式储罐，不得选用泡沫炮作为主要灭火设施；高度大于 7 m 或直径大于 9 m 的固定顶储罐，不得选用泡沫枪作为主要灭火设施；油罐中倍数泡沫灭火系统应选用液上喷射系统。

2. 答案：A

【解析】水溶性液体火灾必须选用抗溶性泡沫液。扑救水溶性液体火灾应采用液上喷射或半液下喷射泡沫，不能采用液下喷射泡沫。对于非水溶性液体火灾，当采用液上喷射泡沫灭火时，选用蛋白、氟蛋白、成膜氟蛋白或水成膜泡沫液均可；当采用液下喷射泡沫灭火时，必须选用氟蛋白、成膜氟蛋白或水成膜泡沫液。

3. 答案：C

【解析】固定顶储罐，采用低倍数泡沫灭火系统时，该泡沫系统的设计保护面积应按储罐横截面面积计算。

4. 答案：D

【解析】单罐容量不小于 10 000 m^3 的固定顶罐、单罐容量不小于 50 000 m^3 的浮顶罐、机动消防设施不能进行保护或地形复杂消防车扑救困难的储罐区，应设置固定式低倍数泡沫灭火系统。外浮顶和内浮顶储罐应选用液上喷射系统，故本题应选 D。

5. 答案：C

【解析】下列场所应采用固定式泡沫灭火系统：甲、乙类和闪点小于或等于 90℃的丙类可燃液体的固定顶罐及浮盘为易熔材料的内浮顶罐：（1）单罐容积等于或大于 10 000 m^3 的非水溶性可燃液体储罐；（2）单罐容积等于或大于 500 m^3 的水溶性可燃液体储罐；（3）乙醇是水溶性甲类，应采用液上或半液下喷射。

6. 答案：B

【解析】非水溶性液体的泡沫混合液供给强度不应小于 12.5 L/（min · m^2），水溶性液体的泡沫混合液供给强度不应小于规范规定的 1.5 倍；泡沫混合液连续供给时间不应小于 30 min。

7. 答案：C

【解析】关于外浮顶储罐泡沫堰板的设计，当泡沫喷射口设置在罐壁顶部时，泡沫堰板与罐壁的间距不应小于 0.6 m。

8. 答案：C

【解析】钢制单盘式与双盘式外浮顶储罐的保护面积，应按罐壁与泡沫堰板间的环形面积确定，A 选项错误，C 选项正确；根据规范规定，非水溶性液体的泡沫混合液供给强度不应小于 12.5 L/（min · m^2），连续供给时间不应小于 30 min，B、D 选项错误。

9. 答案：B

【解析】泡沫灭火系统按系统形式划分：（1）全淹没系统；（2）局部应用系统；（3）移动系统；（4）泡沫-水喷淋系统；（5）泡沫喷雾系统。

10. 答案：B

【解析】当高倍数泡沫灭火系统用于扑救 A 类火灾时，泡沫淹没深度不应小于最高保护对象高度的 1.1 倍，且应高于最高保护对象最高点以上 0.6 m。

11. 答案：C

【解析】高倍数泡沫的供给速率应按淹没或覆盖保护对象的时间不应大于 2 min 等要求来确定。

12. 答案：D

【解析】当用于扑救 A 类火灾或 B 类火灾时，泡沫供给速率应符合下列规定：覆盖 A 类火灾保护对象最高点的厚度不应小于 0.6 m。对于汽油、煤油、柴油或苯，覆盖起火部位的厚度不应小于 2 m；其他 B 类火灾的泡沫覆盖厚度应由试验确定。达到规定覆盖厚度的时间不应大于 2 min。AB 选项正确，D 选项错误。根据规范规定，当用于扑救 A 类火灾和 B 类火灾时，其泡沫液和水的连续供给时间不应小于 12 min，C 选项正确。

项目五

1. 答案：A

【解析】当采用压力式比例混合装置时，泡沫液储罐的单罐容积不应大于 10 m^3，A 选项错误；根据规范规定，当采用环泵式比例混合器时，应设有不少于 1 个的备用量的泡沫比例混合器，B 选项正确；根据规范规定，当采用平衡式比例混合装置时，比例混合器的泡沫液进口管道上应设置单向阀，C 选项正确；根据规范规定，当移动式系统采用管线式比例混合器时，比例混合器的压力损失可按水进口压力的 35%计算，D 选项正确。

2. 答案：B

【解析】高倍压泡沫产生器应符合下列规定：（1）进口工作压力应在标定的工作压力范围内；（2）出口工作压力大于泡沫管道的阻力和罐内液体静压力之和；（3）发泡倍数不应小于 2，且不应大于 4。

3. 答案：A

【解析】高背压泡沫产生器的发泡倍数不应小于 2，且不应大于 4，A 选项错误；根据规范规定，中倍数泡沫产生器的发泡网应采用不锈钢材料，B 选项正确；根据规范规定，高倍数泡沫产生器在防护区内设置并利用热烟气发泡时，应选用水力驱动型泡沫产生器，C 选项正确；根据规范规定，低倍数泡沫产生器的选择，固定顶储罐、按固定顶储罐对待的内浮顶储罐，宜选用立式泡沫产生器，D 选项正确。

模块八

项目一

1. 答案：C

【解析】选择阀的工作压力：高压系统不应小于 12 MPa，低压系统不应小于 2.5 MPa。

2. 答案：C

【解析】按使用的灭火剂分类：（1）二氧化碳灭火系统；（2）七氟丙烷灭火系统；（3）惰性气体灭火系统。

3. 答案：B

【解析】二氧化碳可扑救：固体表面火灾、棉毛、织物、纸张等部分深位火灾、液体火灾、可融化的固体火灾、灭火前能切断气源的气体火灾、电气火灾。

4. 答案：A

【解析】组合分配系统：用一套气体灭火剂储存装置通过管网的选择分配，保护两个或两个以上防护区的灭火系统。

5. 答案：D

【解析】单元独立系统是指用一套灭火剂储存装置保护一个防护区的灭火系统。

6. 答案：C

【解析】气体灭火系统按应用方式分类：全淹没灭火系统；局部应用灭火系统。

7. 答案：D

【解析】按加压方式分类：（1）自压式气体灭火系统；（2）内储压式气体灭火系统；（3）外储压式气体灭火系统。

项目二

1. 答案：A

【解析】采用自动控制启动方式时，根据人员安全撤离防护区的需要应有不大于 30 s 的可控延迟喷射；对于平时无人工作的防护区，可设置为无延迟喷射。

2. 答案：B

【解析】二氧化碳灭火作用主要在于窒息，其次是冷却。

3. 答案：B

【解析】七氟丙烷灭火系统：化学抑制、冷却、微弱的窒息。

项目三

1. 答案：D

【解析】采用管网灭火系统时，一个防护区的面积不宜大于 800 m^2，且容积不宜大于 3 600 m^3；采用预制灭火系统时，一个防护区的面积不宜大于 500 m^2，且容积不宜大于 1 600 m^3。组合分配气体灭火系统属于管网灭火系统，因此每一层防护区的个数为 1 200/800=1.5，取 2 个。该数据计算机房共 5 层，所以 2×5=10 个。两个或两个以上的防护区采用组合分配系统时，一个组合分配系统所保护的防护区不应超过 8 个。但是题干中并没有说明该数据库计算机房设置一个组合分配系统，所以该建筑的气体灭火系统防护区最少应划分为 10 个。

2. 答案：D

【解析】防护区应根据封闭空间的结构特点和位置来划分，防护区划分应符合下列规定：防护区宜以单个封闭空间划分；同一区间的吊顶层和地板下需同时保护时，可合为一个防护区采用管网灭火系统时，一个防护区的面积不宜大于 800 m^2，且容积不宜大于 3 600 m^3；采用预制灭火系统时，一个防护区的面积不宜大于 500 m^2，且容积不宜大于 1 600 m^3。

3. 答案：B

【解析】气体灭火系统的防护区围护结构及门窗的耐火极限均不宜低于 0.5 h； 吊顶的耐火极限不宜低于 0.25 h。

4. 答案：A

【解析】防护区的围护结构及门窗的耐火极限均不宜低于 0.50 h，吊顶的耐火极限不宜低于 0.25 h。

5. 答案：B

【解析】气体灭火系统灭火后通信机房、电子计算机房等场所的通风换气次数应不小于每小时 5 次。

6. 答案：C

【解析】防护区内设置的预制灭火系统的充压压力不应大于 2.5 MPa。

7. 答案：D

【解析】二氧化碳设计浓度不应小于灭火浓度的 1.7 倍，并不得低于 34%。当防护区内存有两种及两种以上可燃物时，防护区的二氧化碳设计浓度应取可燃物中最大的二氧化碳设计浓度。

8. 答案：D

【解析】七氟丙烷灭火系统的灭火设计浓度不应小于灭火浓度的 1.3 倍，惰化设计浓度不应小于惰化浓度的 1.1 倍。

9. 答案：A

【解析】七氟丙烷灭火系统，防护区实际应用的浓度不应大于灭火设计浓度的 1.1 倍。在通信机房和电子计算机房等防护区，设计喷放时间不应大于 8 s；在其他防护区，设计喷放时间不应大于 10 s。

10. 答案：C

【解析】七氟丙烷灭火系统，在通信机房和电子计算机房等防护区，设计喷放时间不应大于 8 s；在其他防护区，设计喷放时间不应大于 10 s。

11. 答案：A

【解析】七氟丙烷灭火系统，图书、档案、票据和文物资料库等防护区，灭火设计浓度宜采用 10%。

12. 答案：A

【解析】灭火浸渍时间应符合下列规定：(1) 木材、纸张、织物等固体表面火灾，宜采用 20 min；(2) 通信机房、电子计算机房内的电气设备火灾，应采用 5 min；(3) 其他固体表面火灾，宜采用 10 min；(4) 气体和液体火灾，不应小于 1 min。

13. 答案：C

【解析】储存容器的增压压力宜分为三级，并应符合下列规定：(1) 一级（2.5+0.1）MPa（表压）;（2）二级（4.2+0.1）MPa（表压）;（3）三级（5.6+0.1）MPa（表压）。

14. 答案：D

【解析】IG541 混合气体灭火系统储存容器充装量应符合下列规定：（1）一级充压，20℃，充装压力为 15.0 MPa（表压）时，其充装量应为 211.15 kg/m^3;（2）二级充压，20℃，充装压力为 20.0 MPa（表压）时，其充装量应为 281.06 kg/m^3。

15. 答案：B

【解析】七氟丙烷灭火系统的灭火设计浓度不应小于灭火浓度的 1.3 倍，惰化设计浓度不应小于惰化浓度的 1.1 倍。

16. 答案：D

【解析】二氧化碳灭火系统可扑灭的是：灭火前可切断气源的气体火灾、液体火灾或石蜡、沥青等可熔化的固体火灾、固体表面火灾及棉毛、纸物等部分固体深位火灾、电气火灾。不能扑救：硝化纤维、火药等含氧化剂的化学制品火灾，钾、钠、镁、钛等活泼金属火灾，氢化钾、氢化钠等金属氢化物火灾。

项目四

1. 答案：B

【解析】二氧化碳高压系统：（1）储存容器的工作压力不应小于 15MPa，储存容器或容器阀上应设泄压装置，其泄压动作压力应为（19±0.95）MPa;（2）储存装置的环境温度应为 0℃～49℃;（3）储存容器中二氧化碳的充装系数应按国家现行《气瓶安全监察规程》执行。

2. 答案：D

【解析】二氧化碳灭火系统（1）特点：对燃烧具有良好的窒息和冷却作用。（2）高压系统。灭火剂储存温度：常温；管网起点压力：5.17 MPa。（3）低压系统。灭火剂储存温度：–20℃～–18℃；管网起点压力：2.07 MPa。

3. 答案：D

【解析】二氧化碳低压系统：（1）储存容器的设计压力不应小于 2.5 MPa，并应采取良好的绝热措施，储存容器上至少应设置两套安全泄压装置，其泄压动作压力应为（2.38±0.12）MPa;（2）储存装置的高压报警压力设定值应为 2.2 MPa，低压报警压力设定值应为 1.8 MPa;（3）储存装置应远离热源，其位置应便于再充装，其环境温度宜为–23℃～49℃;（4）储存容器中二氧化碳的装量系数应按国家现行《固定式压力容器安全技术监察规程》执行。

4. 答案：C

【解析】泄压措施：管网中阀门之间的封闭管段应设置泄压装置，其泄压动作压力：（1）高压系统应为（15±0.75）MPa;（2）低压系统应为（2.38±0.12）MPa。

5. 答案：D

【解析】容器阀按启动方式分为手动、气启动、电磁启动和电爆启动。

6. 答案：D

【解析】二氧化碳系统管道压力：（1）高压系统管道及其附件应能承受最高环境温度下二氧化碳的储存压力；（2）低压系统管道及其附件应能承受 4.0 MPa 的压力。

7. 答案：C

【解析】气体灭火系统容器阀和集流管之间应采用挠性连接。储存容器和集流管应采用支架固定。

8. 答案：C

【解析】气体灭火系统组件的设置要求。操作面距墙面或两操作面之间的距离，不宜小于 1.0 m，且不应小于储存容器外径的 1.5 倍。

9. 答案：A

【解析】在容器阀和集流管之间的管道上应设单向阀。

10. 答案：C

【解析】组合分配系统启动时，选择阀应在容器阀开启前或同时打开。

11. 答案：C

【解析】管网灭火系统应设自动控制、手动控制和机械应急操作三种启动方式。预制灭火系统应设自动控制和手动控制两种启动方式。

12. 答案：C

【解析】自动控制装置应在接到两个独立的火灾信号后才能启动。手动控制装置和手动与自动转换装置应设在防护区疏散出口的门外便于操作的地方，安装高度为中心点距地面 1.5 m。机械应急操作装置应设在储瓶间内或防护区疏散出口门外便于操作的地方。

模块九

项目一

1. 答案：C

【解析】普通干粉灭火剂可扑救 B 类、C 类、E 类火灾。因而又称为 BC 干粉灭火剂。

2. 答案：C

【解析】干粉灭火剂：由灭火基料（如小苏打、磷酸铵盐等）和适量的流动助剂（硬脂酸镁、云母粉、滑石粉等）以及防潮剂（硅油）在一定工艺条件下研磨、混配制成的固体粉末灭火剂。

3. 答案：B

【解析】属于 BC 类的干粉灭火剂有：（1）以碳酸氢钠为基料的钠盐干粉灭火剂（小苏打干粉）；（2）以碳酸氢钾为基料的紫钾干粉灭火剂；（3）以氯化钾为基料的超级钾盐干粉灭火剂；（4）以硫酸钾为基料的钾盐干粉

灭火剂；（5）以碳酸氢钠和钾盐为基料的混合型干粉灭火剂；（6）以尿素和碳酸氢钠（碳酸氢钾）的反应物为基料的氨基干粉灭火剂。

4. 答案：A

【解析】普通干粉灭火剂可扑救 BCE 类火灾。又称 BC 干粉灭火剂。

5. 答案：A

【解析】专用干粉灭火剂可扑救 D 类火灾，又称为 D 类专用干粉灭火剂。

6. 答案：D

【解析】选项 A 中的碳酸氢钠类碳酸氢钠是主要原料，若添加某些结壳物料则可制作 D 类干粉灭火剂；选项 B 中的硫酸钾也是制作 BC 干粉灭火剂的。选项 C 中的磷酸盐是制作 ABC 干粉灭火剂的。只有选项 D 中的氯化钠广泛用于制作 D 类干粉灭火剂，若选择不同的添加剂适用于不同的灭火对象。所以，根据题意，正确答案为 D。

7. 答案：D

【解析】干粉灭火系统可用于扑救下列火灾：（1）灭火前可切断气源的气体火灾；（2）易燃、可燃液体和可熔化固体火灾；（3）可燃固体表面火灾；（4）带电设备火灾。根据规范规定，干粉灭火系统不得用于扑救下列物质的火灾：（1）硝化纤维、炸药等无空气仍能迅速氧化的化学物质与强氧化剂；（2）钾、钠、镁、钛、锆等活泼金属及其氢化物。

8. 答案：D

【解析】干粉的主要灭火机理是化学抑制、隔离、窒息和冷却等作用。

9. 答案：C

【解析】本题考查的是干粉灭火剂灭火的机理。干粉在灭火过程中，粉雾与火焰接触、混合，发生一系列物理和化学作用，既具有化学灭火剂的作用，同时又具有物理抑制剂的特点，其灭火机理如下：（1）化学抑制作用；（2）隔离作用；（3）冷却与窒息作用。

10. 答案：C

【解析】对于一些扩散性很强的气体，如氢气、乙炔气体，干粉喷射后难以稀释整个空间的气体，对于精密仪器会留下残渣，用干粉灭火不适宜。

11. 答案：D

【解析】（1）BC 类与 ABC 类干粉不能兼容；（2）BC 类干粉与蛋白泡沫或者化学泡沫不兼容，因为干粉对蛋白泡沫和一般合成泡沫有较大的破坏作用。

项目二

1. 答案：A

【解析】一个区域有几个保护对象，且每个保护对象发生火灾后又不会蔓延时，可选用组合分配系统，即用一套系统同时保护多个保护对象。

2. 答案：A

【解析】储压式干粉灭火系统是指将驱动气体与干粉灭火剂同储于一个容器，灭火时直接启动干粉储罐。这种系统结构比储气系统简单，但要求驱动气体不能泄漏。

3. 答案：D

【解析】按设计情况：设计型干粉灭火系统、预制型干粉灭火系统。

4. 答案：A

【解析】全淹没干粉灭火系统：将干粉灭火剂释放到整个防护区，通过在防护区空间建立起灭火浓度来实施灭火的系统形式。特点：对防护区提供整体保护。适用场所：适用于较小的封闭空间、火灾燃烧表面不宜确定且不会复燃的场合，如油泵房等类场合。

项目三

1. 答案：C

【解析】干粉灭火系统组成：（1）干粉灭火系统由干粉灭火设备和自动控制两大部分组成；（2）干粉灭火设备由干粉储存容器、驱动气体瓶组、启动气体瓶组、减压阀、管道及喷嘴组成；（3）自动控制由火灾探测器、信号反馈装置、报警控制器等组成。

2. 答案：A

【解析】干粉灭火系统由干粉灭火设备和自动控制两大部分组成。前者由干粉储存容器、驱动气体瓶组、启动气体瓶组、减压阀、管道及喷嘴组成；后者由火灾探测器、信号反馈装置、报警控制器等组成。

3. 答案：B

【解析】干粉灭火系统有自动控制方式、手动控制方式两种启动方式。

4. 答案：A

【解析】干粉灭火系统不适用于：（1）火灾中含有氧的化学物质，主要包括硝化纤维、炸药等；（2）可燃金属，例如钠、钾；（3）固体深位火灾。

项目四

1. 答案：C

【解析】D类火灾场所应选择扑灭金属火灾的专用灭火器。干粉灭火器可扑灭一般的可燃固体火灾,还可扑灭油、气等燃烧引起的火灾,主要用于扑救石油、有机溶剂等易燃液体、可燃气体和电气设备的初起火灾。

2. 答案：C

【解析】不适用范围：（1）硝化纤维、炸药等无空气仍能迅速氧化的化学物质与强氧化剂；（2）钾、钠、镁、钛、锆等活泼金属及其氢化物。

3. 答案：A

【解析】适用范围：（1）灭火前可切断气源的气体火灾（C 类火灾）；（2）易燃、可燃液体和可熔化固体火灾（B 类火灾）；（3）可燃固体表面火灾（A 类火灾表面）；（4）带电设备火灾（E 类火灾）。

4. 答案：A

【解析】全淹没干粉灭火系统的干粉喷射时间不应大于 30 s。

5. 答案：B

【解析】全淹没灭火系统的干粉喷射时间不应大于 30 s。全淹没干粉灭火系统，喷放干粉时不能自动关闭的防护区开口，其总面积不应大于该防护区总内表面积的 15%，且开口不应设在底面。防护区的围护结构及门窗的耐火极限不应小于 0.50 h，吊顶的耐火极限不应小于 0.25 h；围护结构及门窗的允许压力不宜小于 1 200 Pa。组合分配系统保护的防护区与保护对象之和不得超过 8 个。

6. 答案：A

【解析】采用局部应用灭火系统的保护对象，保护对象周围的空气流动速度不应大于 2m/s，必要时应采取挡风措施。

7. 答案：B

【解析】预制干粉灭火系统，一个防护区或保护对象所用预制灭火装置最多不得超过 4 套，并应同时启动，其动作响应时差不得大于 2 s。

8. 答案：B

【解析】预制灭火装置应符合下列规定 ：（1）灭火剂储存量不得大于 150 kg；（2）管道长度不得大于 20 m；（3）工作压力不得大于 2.5 MPa。一个防护区或保护对象宜用一套预制灭火装置保护。一个防护区或保护对象所用预制灭火装置最多不得超过 4 套，并应同时启动，其动作响应时间差不得大于 2 s。

9. 答案：D

【解析】组合分配系统保护的防护区与保护对象之和不得超过 8 个。当防护区与保护对象之和超过 5 个时，或者在喷放后 48 h 内不能恢复到正常工作状态时，灭火剂应有备用量。备用量不应小于系统设计的储存量。

10. 答案：D

【解析】组合分配系统保护的防护区与保护对象之和不得超过 8 个。当防护区与保护对象之和超过 5 个时，或者在喷放后 48 h 内不能恢复到正常工作状态时，灭火剂应有备用量。备用量不应小于系统设计的储存量。

11. 答案：B

【解析】全淹没灭火系统的灭火剂设计浓度不得小于 0.65 kg/m^3，防护区的围护结构及门窗的耐火极限不应小于 0.50 h，吊顶的耐火极限不应小于 0.25 h；围护结构及门窗的允许压力不宜小于 1 200 Pa。室内局部应用灭火系统的干粉喷射时间不应小于 30 s，室外或有复燃危险的室内局部应用灭火系统的干粉喷射时间不应小于 60 s。预制灭火装置应符合下列规定：（1）灭火剂储存量不得大于 150 kg；（2）管道长度不得大于 20 m；（3）工作压力不得大于 2.5 MPa。

项目五

1. 答案：C

【解析】因为干粉储存容器设计压力可取 1.6 MPa 或 2.5 MPa 压力级；驱动气体应选用惰性气体，宜选用氮气；驱动压力不得大于干粉储存容器的最高工作压力；储存装置间耐火等级不应低于二级。

2. 答案：C

【解析】干粉储存装置间的耐火等级不应低于二级。

3. 答案：A

【解析】全淹没系统干粉灭火剂喷射时间一般不应大于 30 s。干粉储罐的增压时间也不大于 30 s。

4. 答案：C

【解析】全淹没灭火系统的灭火剂设计浓度不得小于 0.65 kg/m³。

5. 答案：B

【解析】全淹没灭火系统的干粉喷射时间不应大于 30 s。全淹没灭火系统喷头布置，应使防护区内灭火剂分布均匀。防护区应设泄压口，并宜设在外墙上，其高度应大于防护区净高的 2/3。

6. 答案：A

【解析】干粉储存器设计压力可取 1.6 MPa 或 2.5 MPa 压力级。故 B 选项说法错误干粉灭火剂的装量系数不应大于 0.85，故 D 选项说法错误。管网中阀门之间的封闭管段应设置泄压装置，其泄压动作压力取工作压力的（115±5）%，故 C 选项说法错误。

综合测试三

一、单选题

1. 答案：B

【解析】干粉灭火系统有自动控制方式、手动控制方式两种启动方式。

2. 答案：B

【解析】泡沫灭火系统灭火机理的辐射热阻隔作用。

3. 答案：D

【解析】二氧化碳灭火系统可扑救灭的是：灭火前可切断气源的气体火灾、液体火灾或石蜡、沥青等可熔化的固体火灾、固体表面火灾及棉毛、纸物等部分固体深位火灾、电气火灾。不能扑救：硝化纤维、火药等含氧化剂的化学制品火灾，钾、钠、镁、钛等活泼金属火灾，氢化钾、氢化钠等金属氢化物火灾。

4. 答案：D

【解析】容器阀按启动方式分为手动、气启动、电磁启动和电爆启动。

5. 答案：B

【解析】预制干粉灭火系统，一个防护区或保护对象所用预制灭火装置最多不得超过 4 套，并应同时启动，其动作响应时差不得大于 2 s。

6. 答案：C

【解析】选择阀的工作压力：高压系统不应小于 12 MPa，低压系统不应小于 2.5 MPa。

7. 答案：D

【解析】：二氧化碳灭火系统（1）特点：对燃烧具有良好的窒息和冷却作用。（2）高压系统。灭火剂储存温度：常温；管网起点压力：5.17 MPa。（3）低压系统。灭火剂储存温度：–20 ~ –18℃；管网起点压力：2.07 MPa。

8. 答案：C

【解析】因为干粉储存容器设计压力可取 1.6 MPa 或 2.5 MPa 压力级；驱动气体应选用惰性气体，宜选用氮气；驱动压力不得大于干粉储存容器的最高工作压力；储存装置间耐火等级不应低于二级。

9. 答案：C

【解析】干粉储存装置间的耐火等级不应低于二级。

10. 答案：D

【解析】储存容器或容器阀以及组合分配系统集流管上的安全泄压装置的动作压力，应符合下列规定：（1）储存容器增压压力为 2.5 MPa 时，应为（5.0±0.25）MPa（表压）。（2）储存容器增压压力为 4.2 MPa，最大充装量为 950 kg/m^3时，应为（7.0±0.35）MPa（表压）；最大充装量为 1 120 kg/m^3时，应为（8.4±0.42）MPa（表压）。（3）储存容器增压压力为 5.6 MPa 时，应为（10.0±0.5）MPa（表压）。（4）增压压力为 2.5 MPa 的储存容器宜采用焊接容器；增压压力为 4.2 MPa 的储存容器，可采用焊接容器或无缝容器；增压压力为 5.6 MPa 的储存容器，应采用无缝容器。（5）在容器阀和集流管之间的管道上应设单向阀。

11. 答案：C

【解析】半固定灭火系统是指由固定的泡沫产生器与部分连接管道，泡沫消防车或机动消防泵，用水带连接组成的灭火系统。

12. 答案：A

【解析】组合分配系统：用一套气体灭火剂储存装置通过管网的选择分配，保护两个或两个以上防护区的灭火系统。

13. 答案：C

【解析】自动控制装置应在接到两个独立的火灾信号后才能启动。手动控制装置和手动与自动转换装置应设在防护区疏散出口的门外便于操作的地方，安装高度为中心点距地面 1.5 m。机械应急操作装置应设在储瓶间内或防护区疏散出口门外便于操作的地方。

14. 答案：A

【解析】丙类固定顶与内浮顶油罐，单罐油量小于 10 000 m^3 的甲、乙类固定顶与内浮顶油罐，当选用中倍数泡沫灭火系统时，宜为固定式。

15. 答案：C

【解析】普通干粉灭火剂可扑救 B 类、C 类、E 类火灾。因而又称为

BC 干粉灭火剂。

16. 答案：D

【解析】碳酸氢钠类是以碳酸氢钠为主要原料，若添加某些结壳物料则可制作 D 类干粉灭火剂；硫酸钾也是制作 BC 干粉灭火剂的物质；磷酸盐是制作ABC干粉灭火剂的物质；只有氯化钠广泛用于制作D类干粉灭火剂。

17. 答案：A

【解析】采用自动控制启动方式时，根据人员安全撤离防护区的需要应有不大于 30 s 的可控延迟喷射；对于平时无人工作的防护区，可设置为无延迟喷射。

18. 答案：C

【解析】关于外浮顶储罐泡沫堰板的设计，当泡沫喷射口设置在罐壁顶部时，泡沫堰板与罐壁的间距不应小于 0.6 m。

19. 答案：C

【解析】高倍数泡沫的供给速率应按淹没或覆盖保护对象的时间不应大于 2 min 等要求来确定。

20. 答案：A

【解析】一个区域有几个保护对象，且每个保护对象发生火灾后又不会蔓延时，可选用组合分配系统，即用一套系统同时保护多个保护对象。

21. 答案：A

【解析】：固定顶储罐的保护面积应按其横截面积确定，A 选项错误；根据规范规定，非水溶性液体储罐液下或半液下喷射系统，其泡沫混合液供给强度不应小于 5.0 L/（min·m^2），连续供给时间不应小于 40 min，B 选项正确；根据规范规定，储罐上液上喷射系统每个泡沫产生器应用独立的混合液管道引至防火堤外，C 选项正确；根据规范规定，储罐上液上喷射系统除立管外，其他泡沫混合液管道不得设置在罐壁上，D 选项正确。

22. 答案：B

【解析】气体灭火系统的防护区围护结构及门窗的耐火极限均不宜低于 0.5 h；吊顶的耐火极限不宜低于 0.25 h。

23. 答案：B

【解析】高倍压泡沫产生器应符合下列规定：（1）进口工作压力应在标定的工作压力范围内。（2）出口工作压力大于泡沫管道的阻力和罐内液体静压力之和。（3）发泡倍数不应小于 2,且不应大于 4。

24. 答案：B

【解析】气体灭火系统灭火后通信机房、电子计算机房等场所的通风换气次数应不小于每小时 5 次。

25. 答案：A

【解析】高背压泡沫产生器的发泡倍数不应小于 2，且不应大于 4，A

选项错误；根据规范规定，中倍数泡沫产生器的发泡网应采用不锈钢材料，B 选项正确；根据规范规定，高倍数泡沫产生器在防护区内设置并利用热烟气发泡时，应选用水力驱动型泡沫产生器，C 选项正确；根据规范规定，低倍数泡沫产生器的选择，固定顶储罐、按固定顶储罐对待的内浮顶储罐，宜选用立式泡沫产生器，D 选项正确。

26. 答案：A

【解析】七氟丙烷灭火系统，防护区实际应用的浓度不应大于灭火设计浓度的 1.1 倍。在通信机房和电子计算机房等防护区，设计喷放时间不应大于 8 s；在其他防护区，设计喷放时间不应大于 10 s。

27. 答案：D

【解析】两个或两个以上的防护区采用组合分配系统时，一个组合分配系统所保护的防护区不应超过 8 个。

28. 答案：B

【解析】采用管网灭火系统时，一个防护区的面积不宜大于 800 m^2，且容积不宜大于 3 600 m^3；采用预制灭火系统时，一个防护区的面积不宜大于 500 m^2，且容积不宜大于 1 600 m^3。

29. 答案：A

【解析】七氟丙烷灭火系统，图书、档案、票据和文物资料库等防护区，灭火设计浓度宜采用 10%。

30. 答案：D

【解析】采用管网灭火系统时，一个防护区的面积不宜大于 800 m^2，且容积不宜大于 3 600 m^3；采用预制灭火系统时，一个防护区的面积不宜大于 500 m^2，且容积不宜大于 1 600 m^3。组合分配气体灭火系统属于管网灭火系统，因此每一层防护区的个数为 1 200/800=1.5，取 2 个。该数据计算机房共 5 层，所以 2×5=10 个。两个或两个以上的防护区采用组合分配系统时，一个组合分配系统所保护的防护区不应超过 8 个。但是题干中并没有说明该数据库计算机房设置一个组合分配系统，所以该建筑的气体灭火系统防护区最少应划分为 10 个。

31. 答案：C

【解析】储存容器的增压压力宜分为三级，并应符合下列规定：（1）一级 （2.5+0.1）MPa（表压）；（2）二级 （4.2+0.1）MPa（表压）；（3）三级 （5.6+0.1）MPa（表压）。

二、多选题

1. 答案：ACD

【解析】泡沫灭火系统按发泡倍数分为低倍数泡沫灭火系统、中倍数泡沫灭火系统、高倍数泡沫灭火系统。

2. 答案：ABCD

【解析】（1）高倍数泡沫灭火系统是指发泡倍数大于200的泡沫灭火系统；（2）低倍数泡沫灭火系统是指发泡倍数小于20的泡沫灭火系统；（3）中倍数泡沫灭火系统是指发泡倍数为20～200的泡沫灭火系统；（4）低倍数泡沫灭火系统是甲乙丙类液体储罐及石油化工装置等场所的首选灭火系统；（5）中倍数泡沫灭火系统在实际工程中应用较少，且多用作辅助灭火设施。

3. 答案：CDE

【解析】泡沫灭火系统按系统结构分为固定式、半固定式和移动式。

4. 答案：ABCD

【解析】泡沫产生装置的作用是将泡沫混合液与空气混合形成空气泡沫，输送至燃烧物的表面上，分为低倍数泡沫产生器、高背压泡沫产生器、高倍数泡沫产生器、中倍数泡沫产生器四种。

5. 答案：BCD

【解析】二氧化碳灭火系统可扑救的是液体火灾，固体表面火灾及棉毛织物纸张等部分固体深位火灾，七氟丙烷灭火系统可以扑救的是液体表面火灾可熔化的固体火灾固体表面火灾。

6. 答案：ABCD

【解析】二氧化碳设计浓度不应小于灭火浓度的 1.7 倍，并不得低于34%。可燃物的二氧化碳设计浓度可按规范的规定采用。当防护区内存有两种及两种以上可燃物时，防护区的二氧化碳设计浓度应采用可燃物中最大的二氧化碳设计浓度。

全淹没灭火系统二氧化碳的喷放时间不应大于 1 min。当扑救固体深位火灾时，喷放时间不应大于 7 min，并应在前 2 min 内使二氧化碳的浓度达到 30%。局部应用灭火系统的设计可采用面积法或体积法。当保护对象的着火部位是比较平直的表面时，宜采用面积法；当着火对象为不规则物体时，应采用体积法。局部应用灭火系统的二氧化碳喷射时间不应小于 0.5 min。对于燃点温度低于沸点温度的液体和可熔化固体的火灾，二氧化碳的喷射时间不应小于 1.5 min。

7. 答案：ACE

【解析】当采用面积法设计时，应符合下列规定：（1）保护对象计算面积应取被保护表面整体的垂直投影面积；（2）架空型喷头应以喷头的出口至保护对象表面的距离确定设计流量和相应的正方形保护面积；（3）槽边型喷头保护面积应由设计选定的喷头设计流量确定；（4）架空型喷头的布置宜垂直于保护对象的表面，其瞄准点应是喷头保护面积的中心，当确需非垂直布置时，喷头的安装角不应小于 45°。

8. 答案：ADE

【解析】选择阀可采用电动、气动或机械操作方式。选择阀的工作压力：

高压系统不应小于 12 MPa，低压系统不应小于 2.5 MPa。E 错误。系统在启动时，选择阀应在二氧化碳储存容器的容器阀动作之前或同时打开；采用灭火剂自身作为启动气源打开的选择阀，可不受此限。D 错误。高压系统的储存装置应由储存容器、容器阀、单向阀、灭火剂泄漏检测装置和集流管等组成，并应符合下列规定：（1）储存容器的工作压力不应小于 15 MPa，储存容器或容器阀上应设泄压装置，其泄压动作压力应为 19 MPa±0.95 MPa。B 正确。（2）储存容器中二氧化碳的充装系数应按国家现行《气瓶安全监察规程》执行。（3）储存装置的环境温度应为 0℃～49℃。低压系统的储存装置应由储存容器、容器阀、安全泄压装置、压力表、压力报警装置和制冷装置等组成，并应符合下列规定：（1）储存容器的设计压力不应小于 2.5 MPa，并应采取良好的绝热措施。储存容器上至少应设置两套安全泄压装置，其泄压动作压力应为 2.38 MPa±0.12 MPa。C 正确。（2）储存装置应远离热源，其位置应便于再充装，其环境温度宜为–23℃～49℃。A 错误。

9. 答案：ADE

【解析】无管网七氟丙烷气体灭火装置即预制灭火系统。（1）管网灭火系统启动方式：自动、手动、机械应急；预制灭火系统启动方式：手动、自动。（2）灭火设计浓度或实际使用浓度大于无毒性反应浓度（NOAEL 浓度）的防护区和采用热气溶胶预制灭火系统的防护区，应设手动与自动控制的转换装置。当人员进入防护区时，应能将灭火系统转换为手动控制方式；当人员离开时，应能恢复为自动控制方式。防护区内外应设手动、自动控制状态的显示装置。（3）一个防护区设置的预制灭火系统，其装置数量不宜超过 10 台。（4）防护区内设置的预制灭火系统的充压压力不应大于 2.5 MPa。

10. 答案：BDE

【解析】输送气体灭火剂的管道应采用无缝钢管，A 正确；管道的连接，当公称直径小于或等于 80 mm 时，宜采用螺纹连接，大于 80 mm 时，宜采用法兰连接 BE 错误；输送启动气体的管道，宜采用铜管，C 正确；输送气体灭火剂的管道安装在腐蚀性较大的环境里，宜采用不锈钢管，D 错误。

11. 答案：ABCD

【解析】气体灭火系统由灭火剂储存装置、启动分配装置、输送释放装置、监控装置等组成。包括瓶组、选择阀、喷头（嘴）、单向阀、集流管、连接管、安全泄放装置、驱动装置、检漏装置、信号反馈装置、低泄高封阀等。

12. 答案：AB

【解析】二氧化碳灭火作用主要在于窒息，其次是冷却。

13. 答案：ABCD

【解析】二氧化碳灭火系统可用于扑救：灭火前可切断气源的气体火灾，

液体火灾或石蜡、沥青等可熔化的固体火灾，固体表面火灾及棉毛、织物、纸张等部分固体深位火灾，电气火灾。

14. 答案：ABCE

【解析】(1) 二氧化碳灭火主要在于窒息，其次是冷却；(2) 泡沫灭火系统的灭火机理主要有隔氧窒息、辐射热阻隔、吸热冷却；(3) 直流水的灭火机理是冷却灭火；(4) 水喷雾的灭火机理主要是表面冷却、窒息、乳化和稀释作用；(5) 氮气的灭火机理是窒息。

15. 答案：CD

【解析】二氧化碳灭火系统可扑救的是液体火灾，固体表面火灾及棉毛、织物、纸张等部分固体深位火灾。七氟丙烷灭火系统可以扑救的是液体表面火灾、可熔化的固体火灾、固体表面火灾。二氧化碳灭火系统和七氟丙烷灭火系统是不能扑救活泼金属火灾的。

16. 答案：ACD

【解析】七氟丙烷灭火系统可以扑救的是电气火灾、液体表面火灾、可熔化的固体火灾和固体表面火灾。七氟丙烷灭火系统不适用于活波金属火灾。

17. 答案：ABCE

【解析】组合分配气体灭火系统启动时，选择阀应在容器阀开启前或同时打开，管网灭火系统包括组合分配系统和单元独立系统。

18. 答案：AC

【解析】气体灭火系统按系统的结构特点分为无管网灭火系统和管网灭火系统。

19. 答案：BD

【解析】气体灭火系统接应用方式分为全淹没灭火系统和局部应用灭火系统。

20. 答案：ACE

【解析】气体灭火系统按加压方式分为自压式、内储压式和外储压式气体灭火系统。

21. 答案：ABCE

【解析】多用途干粉灭火剂可扑救 A 类、B 类、C 类、E 类火灾。因而又称为 ABC

干粉灭火剂。

22. 答案：ACD

【解析】干粉灭火剂灭火机理是化学抑制作用、隔离作用、冷却与窒息作用。

23. 答案：AE

【解析】干粉灭火系统按灭火方式分为全淹没和局部应用干粉灭火系统。

24. 答案：CD

【解析】干粉灭火系统按系统保护情况分为组合分配系统和单元独立系统。

25. 答案：ACD

【解析】干粉储存容器设计压力可取 1.6 MPa 或 2.5 MPa 压力级；驱动气体应选用惰性气体，宜选用氮气；组合分配系统保护的防护区与保护对象之和不得超过 8 个。